成长也是一种美好

心中有数

生活中的数学思维

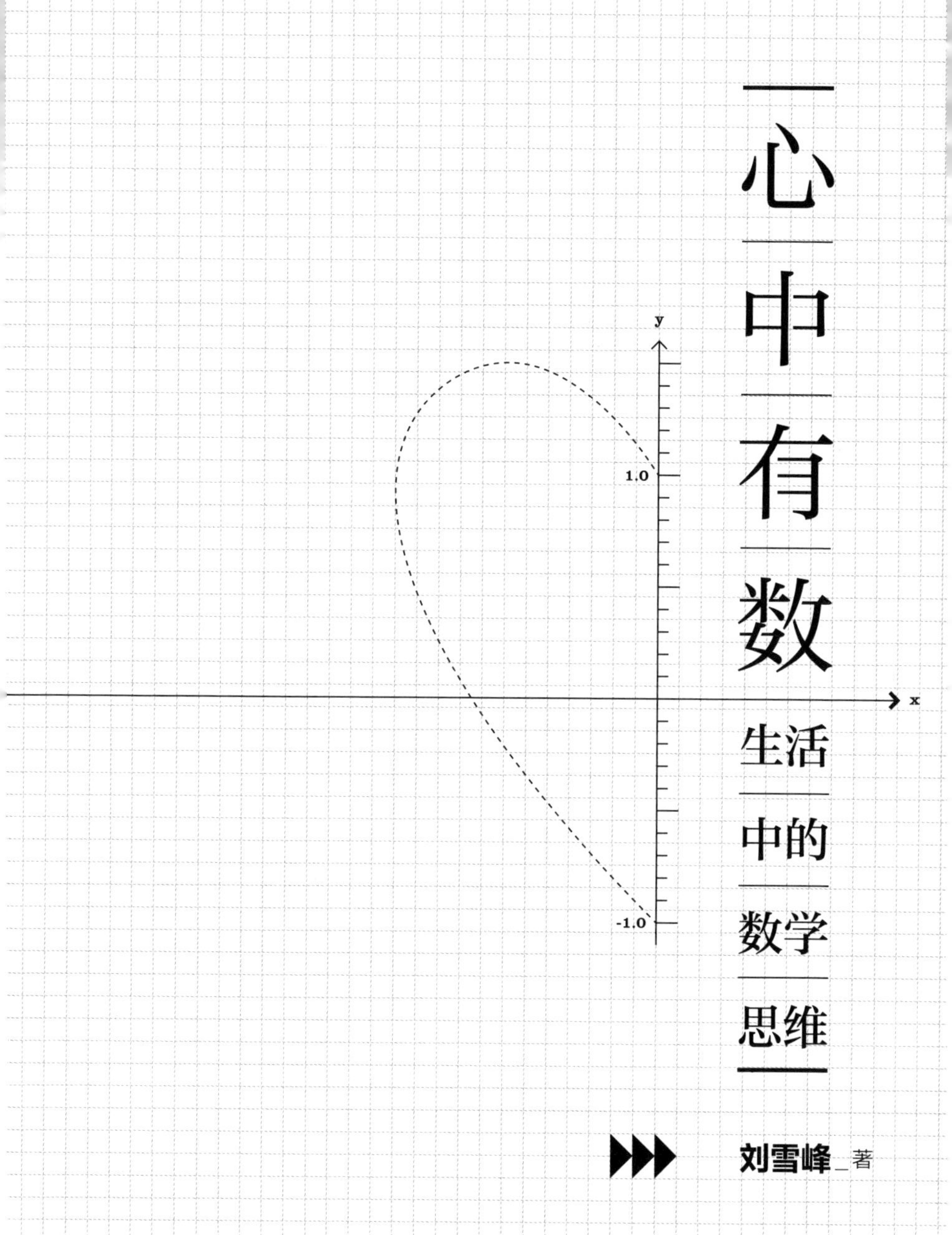

刘雪峰_著

人民邮电出版社
北京

图书在版编目（CIP）数据

心中有数 : 生活中的数学思维 / 刘雪峰著. -- 北京 : 人民邮电出版社, 2022.4
ISBN 978-7-115-57804-4

Ⅰ. ①心… Ⅱ. ①刘… Ⅲ. ①数学－普及读物 Ⅳ. ①O1-49

中国版本图书馆CIP数据核字(2021)第221865号

◆ 著　刘雪峰
责任编辑　张渝涓
责任印制　周昇亮
◆人民邮电出版社出版发行　北京市丰台区成寿寺路11号
邮编 100164　电子邮件 315@ptpress.com.cn
网址 https://www.ptpress.com.cn
天津千鹤文化传播有限公司印刷
◆开本：880×1230 1/32
印张：7.75　2022年4月第1版
字数：150千字　2025年3月天津第15次印刷

定　价：59.80元

读者服务热线：（010）67630125　印装质量热线：（010）81055316
反盗版热线：（010）81055315

推荐序

花时间认真阅读雪峰这本书后，我学到很多，领悟不少。算法与人生都是艺术，算法相当于计算机程序的灵魂，而人生则更深邃。成功的设计需要逻辑思维、经验和认知等，其中创意尤其不可或缺。读了雪峰这本书，你对此一定会有更深的感受。

计算机科学和生活的关系之密切，体现为计算思维为我们解决生活中的种种问题提供了思考途径与解决方法，同时计算思维也从生活的智慧中借鉴了很多有益的思想和启示。所以，算法与人生可以互相借鉴。在这本书中，雪峰用他丰富的研究经验和对生活的深刻理解，将算法与生活联系起来，让我们既可以用生活中的知识和经验理解算法，也可以用算法解释人生。

一方面，我们会感觉到，积累的生活经验越多，我们想学习计算机知识就越容易。平时我在给学生上课或进行指导时，喜欢用课题背后人与物在生活中的故事引出进而发展出的知识和技术。学生听了这些故事，便会了解相关知识的创意与演化，或者技术发明的背景和动机，从而加深相应的理解，而在雪峰的书中，有很多这样的故事。

另一方面，算法的奇妙之处在于其可以帮助我们认识与解决生活中的问题。雪峰的书给我们很多这样的启示，也会使我们产生更多联想，比如机器学习和生活的关联。人工神经网络其实也是一种算法，它从信息处理角度对人脑神经元网络进行抽象处理。人工神经网络的运算模型对生活的提示也反映在方方面面。其一，在神经网络训练中，为节点间的连接赋予权重并改变加权连接，可以改变网络的输出。在生活中，如果我们要对某件事有更强的掌控力，就要对其给予更高的权重。其二，与反向传播神经网络训练算法类似，即我们要想改变或养成一个新习惯，就要改变环境，消除或加强对习惯行为的提示，以抑制或刺激大脑中的反馈回路。其三，就像我们登上山峰后，想要以最快的速度回到山脚下的目的地，深度学习中的梯度下降法会告诉我们，在事先无法看清所有路径时，如何持续评估并找出哪条路连着最陡的下坡，使我们在最短时间内到达山底。同理，如果在生活中无法预测事情是否会顺利发展，我们可以不断观察前进的方向，以最小的代价达到自己的目标。

无论是体验生活，还是追求知识，都需要我们运用好奇心与观察力，产生领悟，需要练习、反思和总结。雪峰就是通过这样的观察和领悟，用算法和人生之间的关联，帮我们加强对两者的理解。

全书分为三大部分：思维篇、方法篇和学习篇。思维篇告诉我们怎样看待一件事，从而更好地提升认识，做出更好的选择。方法篇告诉我们如何看待问题以及怎样抓住问题的本质，并分享了常用的问题解决模式。学习篇则分享了读书、学习和表述的方法。

平时我很喜欢看科普读物，期待从中获得启迪和灵感。尽管市面上有不少这样的读物，但像雪峰这本书一样聚焦于计算机算法领域的书并不多，因此本书非常值得一读。我逐章逐段地阅读了全书，获益匪浅。希望各位有心的读者也会有同样的感受。

曹建农

香港理工大学教授

前言

我上大学时学的是自动控制专业。了解这个专业的人也许知道，自动控制专业的基础课程覆盖面很广，涉及很多学科，内容多而杂。一次和数学相关的基础课上的经历让我至今记忆犹新。上课铃声一响起，老师就认真地从头开始在黑板上推导一个公式。这个公式比较复杂，老师用了整整两节课的时间，推导过程写满了几个黑板；下课时，却发现最后的结论和书上的不一样。老师和我们说："同学们别着急，下次上课我再给大家重新推导一遍。"

这一经历可能并不多见，但是一些大学生可能会有这种感受：拿到一本教科书，上面的每个公式都有密密麻麻、严谨的推导过程，一眼看上去令人生畏。为了看懂这个公式，你硬着头皮仔细研读每一步推导过程，然后自己拿笔试着推导好几遍，直到最终将公式推导出来才感到心安。你会想："我已经把这个公式推导出来了，应该理解这个概念了。"

你的心里除了涌起受挫感，应该还会不时冒出一个个疑问："这个公式到底有什么用？它能够帮助我解决生活中的什么问题？"最后你可能会冒出这样一个念头："我真的理解这个概念吗？"

很可惜，在大多数的时候，我们都无法找到上面这些问题的答案。于是成功推导出公式除了能让我们通过考试，只给我们带来了"我应该理解了这个概念"的安慰。大部分人会一直带着这些未被解答的疑惑，在考完试之后迅速把这些数学公式忘得干干净净。

有的人认为，数学是数学，生活是生活。数学的概念只是那些书本上的公式，这些公式属于数学家们，和自己没有任何关系。就像朱自清在《荷塘月色》里写的那句话："但热闹是它们的，我什么也没有。"

如果我告诉你，很多数学概念的背后都闪耀着智慧的光芒，这些智慧能帮我们更好地看清这个纷繁复杂的社会，并能够帮助我们在生活中做出更好的决策和行为，你相信吗？

也许你会质疑："什么，数学公式还能帮我们解决生活问题？你不是在开玩笑吧。"

如果你有这种疑问，也许下面"最小二乘估计""病态方程组"等案例，会让你改变对数学的看法。

数学中有一种算法叫作**"最小二乘估计"**。数学家高斯，曾经用最小二乘估计准确预测出了一颗行星的位置。但是如果你只是背下最小二乘估计的公式 $x=(\boldsymbol{A}^{\mathrm{T}}\boldsymbol{A})^{-1}\boldsymbol{A}^{\mathrm{T}}b$，或者只会套用这个公式来解一些书本上的问题，那么你就没有体会到最小二乘估计背后的智慧。

通过最小二乘估计找到的解，不力求让少数方程完全成立，而是让所有方程左右两边的误差之和最小，它背后体现出来的思想，是做事情不追求绝对完美，而是在接受不完美的前提下权衡多方利益，找到最佳平衡点。这其实和孔子推崇的**“中庸之道”**，或者**“执两用中”**的智慧不谋而合。

又比如，在数学中，有“求导法”和“数值解法”这两种解法，它们实际上对应我们生活中解决问题的两种思路。用“求导法”来找到函数的极值，可以分为三步：（1）求导数，（2）令导数为零，（3）找到该方程的解。每一步都不能出错，最终才可以得到答案。这种模式对应一个成语：**“步步为营”**。它要求每一步都力求完美，把整个流程走完才能得到想要的结果。“数值解法”则对应另外一个成语：**“精益求精”**。它并不要求在每一步做到最优，而是迅速走完一轮，然后在本轮结果的基础上迭代，反复多轮，不断提高，最后也可以得到一个好结果。“精益求精”模式不仅与产品开发、项目管理中的“敏捷模型”相对应，也与互联网公司经常说的**“小步快跑，快速迭代”**相对应，意指**“完成比完美更重要”**。

又比如，在线性代数中，有一个概念叫作**“病态方程组”**，即一个线性方程组 $y=Ax$ 中 y 和 A 的轻微变化会导致解 x 有极大变化。

但如果你仅仅知道病态方程组这个概念，就错过了这个概念背后的智慧：方程组中的每条直线，实际上代表一个视角，而直线的交点，就是从多个视角达成的共识。病态方程组这个例子告诉我们，*如果多个人想通过交流的方式达成共识，了解某个事情背后的真相，那么这些人最好有不同的视角*。一旦视角太接近，那么这些不同视角交叉得到的共识，会对噪声极为敏感。一点点噪声，都会对最后的结果产生极大的影响，这就是所谓的**"失之毫厘，谬以千里"**，也是**"多样性红利"**的数学解释。

在计算机科学中，有一个算法叫作**"模拟退火算法"**。模拟退火算法可以帮助我们通过逐步迭代，找到某一个函数的最优解。如果你只会简单地应用这个算法来解决函数的极值问题，就错过了这个算法背后闪耀的智慧。

在我看来，人生其实就是一个寻找最优解的过程，我们总是通过不断努力提升自己，在最后达到自己可能达到的最高位置。而模拟退火算法告诉我们，*一个人在年轻的时候，应该让自己充分探索，接受暂时的不完美，从而避免陷入局部的最优值，并在将来攀上一个更高的山峰。而到了一定阶段，知道自己最适合什么以后，就应该在自己最适合的地方深耕，不要轻易切换赛道*。所以，一个大学生毕业之后，应该去大城市闯一闯，多尝试一些行业，而不是老老实实在一个一眼能看到未来的岗位上待一辈子。

以上的几个例子，就是数学公式和算法背后的智慧。这些智慧能帮助我们更好地看清这个世界，并在你遇到问题的时候，给你提供更科学的视角，帮助你做出更好的决策和行为。

如果你是一名理工科的在校或已毕业的大学生，这本书一定适合你。尤其是计算机系、电子工程系和自动控制系的学生，看到你在书本上曾经学到、似曾相识的这些数学公式背后竟然包含那么深刻而智慧的道理，你就可以立刻理解它们。它们会成为烙印在你大脑里的思维方式，而不是只停留在书本上的数学公式。

如果你是一名从没接触过这些数学公式的文科生，这本书也同样适合你。通过这本书，你不再会被那些看似“劝退”的数学公式“吓倒”。你会透过这些公式和算法，直接理解它们背后闪耀的理性思维。作为一名文科生，如果你能掌握这些思维，它会立刻给你打开一扇新世界的窗户，在你困惑和迷惘时，从另外一个视角给你提供启发，让你看问题更加深刻，甚至可以改变你的人生观和做事态度。

例如，我们都被从小教育的世界观是“事在人为”。然而，有这种世界观的人虽然通常乐观而积极，却容易因现实中的挫折与打击而产生无力感。有的人的世界观则是另外一头的“宿命论”：一切都是确定的，一切都是最好的安排。然而，在我看来，正确的世界观，应该在这两者之间，叫作**概率的世界观**。概率的世界观的核心思想很简单：*很多事情的最终结果是我们不能保证的，但是，这个结果发生的概率是我们可以靠努力改变的*。

最后，愿这本《心中有数》，能让你心中有数，帮你更好地看清这个世界。

目录

思维篇　用理性思维看待世界　/ 1

第 1 章　平静接受现实，努力改变概率　/ 3

第 2 章　不要高估“解释”而低估“预测”　/ 11

第 3 章　三个臭皮匠，未必顶得过诸葛亮　/ 23

第 4 章　频繁的小确幸与偶尔的大幸福　/ 35

第 5 章　深层剖析“利与弊”　/ 47

第 6 章　世界是稀疏的：复杂现象背后的简单规律　/ 57

第 7 章　看似相关，实则独立：条件独立带来的启发　/ 71

第 8 章　空气净化器与卡尔曼滤波器　/ 83

方法篇 解决难题的策略和技巧 / 93

第 9 章 稳定与跃迁：负反馈与正反馈 / 95
第 10 章 什么才是好的设计：找准底层更重要 / 111
第 11 章 模仿：抓住本质，摆脱限制 / 123
第 12 章 何时守成，何时冒险：看基础概率 / 131
第 13 章 “执两用中”的智慧：最小二乘估计给出的解释 / 139
第 14 章 精益求精与步步为营 / 151
第 15 章 变换的思维：问题不好解决，那就变换事物的形态 / 165
第 16 章 模拟退火算法：为什么年轻时应该多去闯闯 / 175

学习篇 如何学习和表达 / 187

第 17 章 怎样读书看报才能进步最快 / 189
第 18 章 好的学习方法论：机器学习模式给我们的启发 / 197
第 19 章 如何清晰地表达一件事：矩阵的奇异值分解的启发 / 219

$$\begin{cases} x_1 + x_2 = 200 \\ 2.05x_1 + 2x_2 = 405 \end{cases}$$

$$\mathrm{d}f(t) = \mathrm{d}t \cdot \alpha f(t)$$

$$f'(t) = \alpha f(t)$$

$$f'(t) \Rightarrow sF(s) - f(0)$$

$$\alpha f(t) \Rightarrow \alpha F(s)$$

$$\begin{cases} x_1 + x_2 = 200 \\ 2.05x_1 + 2x_2 = 406 \end{cases}$$

$$(B|A, C) = P(B|C)$$

$$\frac{\mathrm{d}f(t)}{\mathrm{d}t} = \alpha f(t)$$

$$y = a + bt + ct^2$$

$$\begin{cases} x_1 + x_2 = 200 \\ 2.04x_1 + 2x_2 = 405 \end{cases}$$

$$W = F\Delta x = \frac{1}{2}k(x_1 + x_2)(x_2 - x_1) = \frac{1}{2}k(x_2^2 - x_1^2)$$

$$x_1 = \sqrt{\frac{2W}{k}}$$

思维篇

$$P = I^2R$$

用理性思维看待世界

$$\min_m \quad W_{总}$$

$$\text{s.t.} \quad x_n \geqslant L$$

$$\begin{cases} x_1 + x_2 = 35 \\ 2x_1 + 4x_2 = 96 \end{cases}$$

$$F = \frac{1}{2}kx_1$$

$$\begin{cases} x_1 + x_2 = 200 \\ 2.05x_1 + 2x_2 = 405 \end{cases}$$

$$1 - \left(1 - \frac{1000}{36^6}\right)^n = 0.1$$

$$E_{总} = \frac{1}{2}kL^2$$

$$P(A, B|C) = P(A|C) \cdot P(B|C)$$

$$y(t) = \int_{-\infty}^{\infty} f(\tau)g(t - \tau)\,\mathrm{d}\tau$$

$$J(k, b) = (k+b-10)^2 + (2k+b-11)^2 + (3k+b-15)^2 + (4k+b-19)^2 + (5k+b-20)^2 + (6k+b-25)^2$$

$$(1 - 0.9)^2 = 1\%$$

第 1 章

平静接受现实，努力改变概率

1.1 小王和老李的故事

小王大学毕业工作了几年后，因为不喜欢朝九晚五的生活，所以找了几个志同道合的朋友，一起在山清水秀的家乡开了一家民宿。虽然他新进入这个领域，经验不多，但他对这个行业有很大的热情。小王经常看一些经济管理类的书籍，也喜欢看关于如何成功、如何鼓励自己的书籍。每天早上起床后，小王会站在镜子前握起拳头对自己大声说："你会成功的！"他相信"一分耕耘、一分收获"，他把自己最喜欢的一句格言"事在人为"，挂在卧室的墙上。

可是，虽然他努力工作，但是他在经营民宿的过程中不断碰到各种困难。在装修期间，工期不断被拖延，好不容易把民宿开起来，又为如何宣传伤脑筋。积累了几年口碑后，虽然游客慢慢多了起来，可是因为房租、水电费和各种税费，民宿长期处于勉强维持收支平衡的境地。旅游淡季时，游客很少，民宿的接待能力充盈；旺季时，民宿的接待能力明显不足。前两年，小王和朋友们花大价钱扩建了民宿，准备在旺季大干一场，可是突如其来的疫情又让这些投入看不到回报。

这半年来，小王很迷茫，他经常觉得自己的努力并没有得到回报。他不知道为什么命运要这样对自己，也不知道自己做错了什么。有时候他看着挂在墙上的“事在人为”，往往生出一种无力感。

老李虽然还不到 40 岁，但是他自嘲自己的“倒霉”就像“开了挂”。他上小学时，成绩较好，排在年级前 20，可小升初时考试发挥失常，只考上了省城一所普通初中；上初中时，成绩也不错，结果中考失误，上了末流重点高中；上高中时，也算勤奋努力，应该可以考上一所 211 大学，可是高考发挥失常，只考上了一所普通大学。上大学期间，他省吃俭用，用省下来的钱买了一辆电动车，第二天骑车就摔了一跤，然后在床上躺了一周，伤还没好，车就被偷走了。毕业之后，他进了一家待遇还不错的公司，可是第一个项目因为自己一个小疏忽失败了，丢了工作。后来看见别人炒股，他也开始炒股，可是他一买就跌，一卖就涨，行情好的时候，他反而在亏钱。后来工作了几年，正准备买房，可是朋友急需用钱，临时借给朋友 40 万元，结果朋友投资失败跳楼了，钱也打了水漂儿。因为这件事妻子和他大吵了一架，二人差点离婚。

发生这么多事情，老李痛苦了很长一段时间。偶然有一次，他遇到了一个朋友，朋友指点了他几句，他觉得自己似乎想通了。之后，每当妻子劝他努力工作时，他总说“富贵终有命，那么努力干什么”。他认为一个人做什么工作，是否有钱，职位高低，另一半是谁，等等，在出生时就决定了，再努力也没用，只要按照命运的“剧情”演下去就行了。

1.2 是“事在人为”还是“宿命论”

上面的小王和老李，实际上代表了两个极端的世界观（见图1-1）。

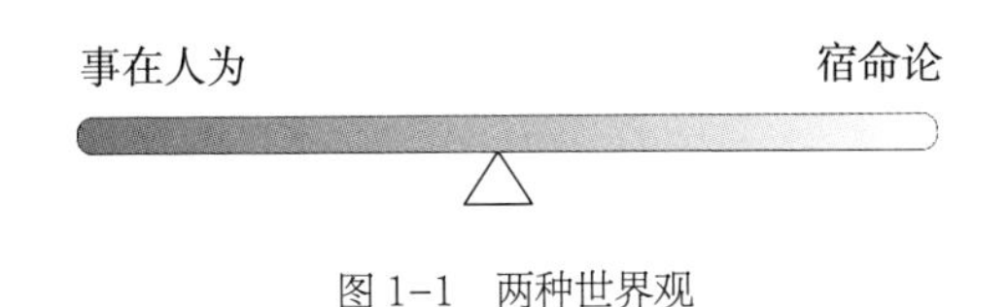

图 1-1 两种世界观

小王的世界观总体是乐观的，这可以用他挂在墙上的格言来概括，就是“事在人为”。

事在人为的解释是“虽然人生无奈，但是我们通过自己的努力，一定可以得到自己想要的结果”。

而老李的世界观总体是悲观的，即相信“宿命论”。认同宿命论的人认为一切都是确定的，我们什么都不需要做，一切冥冥中自有安排。

有这两种世界观的人不在少数。

然而，在我看来，这两种世界观都有问题。坚持“事在人为”的人，虽然乐观而积极，但是容易因现实中的挫折与打击而产生无力感。就像小王开民宿被疫情影响一样，似乎不是所有的事情都能靠努力改变。

而“宿命论”看起来也有问题：成功的人真的只是靠运气好吗？我们的努力似乎有时候也会给我们回报。一个放弃努力的人真的可以获得自己想要的结果吗？

在我看来，正确的世界观，应该在这两者之间，我称其为概率的世界观。

1.3 概率的世界观

在概率的世界观中，核心思想有两个。第一，我们无法在事前保证很多事情的最终结果。第二，这个结果发生的概率，是我们可以靠努力改变的。

第一句话的意思是，绝大多数事情到底会不会发生或出现你想要的结果，在事前都是不确定的，没有人知道。第二句话的意思是，虽然我们不能在事前确定结果，但是人的努力可以改变结果发生的概率。

我们来举个例子。一位农民无法保证自己今年这块地的收成一定很好，因为有时候恶劣天气、病虫害可能会摧毁他一年的努力。这就是在事前不能够保证事情的结果。

但是，如果他努力、认真地劳作，做好防护措施，就可以大大提高收成好的概率。如果一位懒惰的农民有好收成的概率是 10%，一位勤劳、努力的农民就可以把这个概率提高到 90%。这就是说，虽然不能在事前确定结果，但是我们可以改变结果发生的概率。

对于一个参加高考的学生而言，即使他平常非常努力，模拟考试的成绩也很好，但在高考成绩公布之前，谁也不能保证他一定能考上一个好大学。因为有些重要的因素，例如考题的难度、他的临场发挥情况等，是他不能控制的。但是，如果他在平时努力、认真地做好准备，那么最后考出好成绩的概率，肯定比一个平时不学习的人要高得多。

在某次火箭发射前，谁都不能保证这次发射一定能成功。但是如果相关工程人员能够按照流程做到一丝不苟，不放过任何一个小问题，那么这次发射成功的概率，就可以比没有严格按规范流程做的那次高得多。

概率的世界观和我们熟知的**“谋事在人，成事在天”**有相通之处。但是有了概率这个工具，我们对于这句话就有了更清晰的理解：“谋事在人”指的是**我们通过努力，可以提高成功的概率**；而成事在天，则指的是**既然以概率作为衡量标准，那么即使我们做得再好，也不能保证成功**。

如果我们用概率来看之前提到的两种世界观，“事在人为”和“宿命论”的问题就可以被看得很清楚。

“事在人为”相信什么事情只要努力就一定能成功，这是不符合事实的。即使天时、地利、人和，也不保证能成功。

“宿命论”认为什么事情都不用做，因为老天都安排好了。这种想法也有很大的问题。虽然努力不能保证人一定成功，但可以提高成功的概率。一个人躺着什么都不做，也可能成为百万富翁，但是这种事件发生的概率会低到连他自己都不相信。

或许有人会问，如果我已经尽力提高这个概率，但是仍然失败了怎么办？面对这种情况，你可以有两种选择：第一种，找到失败的原因，如果可以改进就改进，以提高下一次成功的概率（注意是“提高概率”，而不是保证下一次一定能行）；第二种，如果发现失败的原因无法控制，就坦然接受这次失败。

如果你是研究生，你可能会把自己最近的工作写成一篇论文向一个很好的会议投稿。在录用通知出来前，谁也无法确定你的论文是否会被录用，因为有很多因素是你无法控制的，例如审稿人是否理解并欣赏论文的核心贡献，他看你论文时的心情，他同时评审的其他论文的水平，等等。回溯过去，有很多最后产生了深远意义的论文，在第一次投稿时都被审稿人批评甚至直接被拒绝。

但是，如果你这篇论文的核心贡献足够大，立意新颖，实验结果很好，文章的表达很清晰，那么这篇论文被录用的概率就会很高（例如有 90% 的概率被会议录用）。但是请记住，这仍然是一个概率，而不是一个确定的结果。

如果你的运气不好，这篇论文被拒绝了，请不要悲伤，你要做的应该是看一下审稿人的意见。如果某些意见是对的，那么你应该针对这些意见进行修改，提高下一次被录用的概率；如果经过分析你认为这些审稿人的意见并不客观，那么你应该直接把这篇文章投向另外一个会议。

前几年有一部科幻电影，主角在战场上作为一个新手，偶然获得了反复穿越到过去的能力，即他一旦被反方的机器大军杀死，就会穿越回开战前。他在战场上为了救出一个代表人类希望的女神，把反复穿越的优势用到极致：不仅会在每次失败后总结教训，提高下一次成功的概率，而且会反复穿越，直到成功为止。

从概率来看，重复的力量是巨大的。假设他每次穿越回去救出女神的概率都是稳定的 10%（九死一生），那么从概率来看，穿越回去几十次后，终有一次成功的概率会提到相当高的程度。

如果我们已经无法改变事情发生的概率，那么我们要做的就是什么也不做。例如，高考时每考完一科，你应该忘掉这一科而专心准备下一科考试，因为无论你做什么，都不能改变这一科的考试成绩。在博士答辩结束后答辩委员让你在外面等结论时，你应该静静地喝一杯咖啡，因为现在做什么都无法影响结果。总之，遇见无法改变概率的事情时，你等待结果就可以了，那一刻你可以默默地对自己说一句：一切都是最好的安排。

1.4 总结

这一章我们谈了三种世界观："事在人为""宿命论"和"概率的世界观"。

"事在人为"认为"虽然人生无奈，但是我们通过自己的努力，一定可以得到自己想要的结果"。这种观点过于理想化，过于强调人的主观能动性而忽略了不可控、随机的因素，往往会被现实中的挫折打击。

"宿命论"认为一切都是确定的，我们什么都不需要做，冥冥中一切自有安排。这种观点过于悲观，并且完全忽视人的主观能动性，也不符合实际情况。

"概率的世界观"则告诉我们两点：第一，很多事情的最终结果在事前只是一个概率，我们不能保证最后的结果，这一点是和"事在人为"的最大区别。第二，虽然不能保证事情最后的结果，但是我们可以改变导致这一结果的概率，这一点是和"宿命论"最大的区别。

这就是使用概率的世界观的人持有的人生态度：**平静接受现实，努力改变概率。**

第 2 章

不要高估“解释”而低估“预测”

在生活中，我们经常会听见很多人向我们传达各种理论。例如股票涨跌的理论，成功学的理论，等等。那么，这些理论中到底哪些是对的，哪些是错的？怎样的理论是一个好的理论？

本章对此将给出一个终极标准。为此，我在此分享“谷神星的发现”这一故事。

2.1 谷神星的发现

1801 年年初，天文学家朱塞普·皮亚齐（Giuseppe Piazzi）发现了一颗不在星表上的星星，后将其命名为谷神星。皮亚齐跟踪了这颗星星 40 天，并且记录了相关的数据。可是之后由于地球的轨道运动，谷神星消失在太阳耀眼的背景眩光中。虽然再过几个月，谷神星脱离了太阳背景眩光，应该可以被重新观测到，但是这要求我们知道谷神星的轨迹。然而，因为 40 天的观测数据较少，当时的数学工具还无法根据这些数据准确计算或预测出谷神星的轨道。

在当时，计算太阳系内的某个行星绕太阳运动的轨道还是一个难题。因为我们是在地球上进行观测的，在行星运动的同时，观测点地球也在运动。并且地球和行星的运动轨道不在一个平面上，这一点我们可以从图 2-1 中看出。图中有行星绕太阳运动的椭圆形轨道和地球绕太阳运动的椭圆形轨道，二者的形状、大小都不一样，也不在一个平面上。天文学家们观测到的、可以用于估计图中行星运动轨道的信息，只包括每次观测时地球的位置和当时从地球到行星的观测角度。

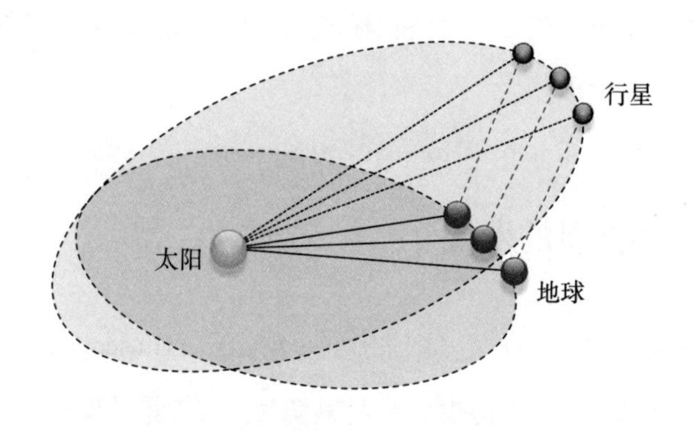

图 2-1　太阳系内地球和行星的运动轨道

当时唯一能比较精准地计算出运动轨道的行星是天王星，然而，这有一定的偶然因素。首先，天文学家们对天王星做了非常多的观测，有丰富的观测数据。其次，天文学家们在估计天王星运动轨道时，为了方便计算，做了一个“天王星运动轨道呈圆形”的假设。虽然我们现在知道这个假设对于一般的行星不成立（行星的运动轨道通常呈椭圆形），但天王星的运动轨道恰好很接近圆形。

但谷神星的运动轨道是一个形状未知的椭圆，计算椭圆的形状需要大量的观测数据。在当时，几位著名的数学家，包括莱昂哈德·欧拉（Leonhard Euler，欧拉公式的发现者）、约翰·海因里希·朗伯（Johann Heinrich Lambert，朗伯－比尔定律的发现者）、约瑟夫－路易斯·拉格朗日（Joseph-Louis Lagrange，拉格朗日乘子法和中值定理的发明者），以及皮埃尔－西蒙·拉普拉斯（Pierre-Simon Laplace，拉普拉斯定理和拉普拉斯变换的发明者），都没有找到从一系列短期观测数据中确定行星轨道的方法。拉普拉斯甚至认为，这个问题本身就是不可解决的。

这时，卡尔·弗里德里希·高斯（Carl Friedrich Gauss）出现了。高斯当时只有 24 岁，虽然年轻，但他研究包括月球的运动等与天体运动相关的问题已经有很多年。他 18 岁在计算天体运动轨道时，就发明了最小二乘估计这一方法。高斯拿到皮亚齐的观测数据后立刻开始计算谷神星的运动轨道。在计算轨道时，高斯除了借助最小二乘估计来消除观测误差，还发明了一系列方法来提高对行星运动轨道的估计精度。

很有意思的是，高斯在计算完成后，在 11 月底把他预测谷神星运动轨道的结果发给了他的一个朋友，匈牙利天文学家弗兰茨·萨韦尔·冯·扎克（Franz Xaver von Zach）。冯·扎克收集了高斯、他自己和其他一些人的预测结果，并把这些结果发表在 1801 年 12 月初的一本天文学刊物上。值得一提的是，高斯的预测结果和其他人的有很大不同。

然而，如同真理掌握在少数人的手里那样，只有高斯准确预测出谷神星的位置：在1801年12月31日，谷神星消失在人们视线中一年后，冯·扎克在高斯预测的位置附近重新找到了谷神星！两天之后，天文学家海因里希·奥伯斯（Heinrich Olbers）也根据高斯的预测结果发现了谷神星。

这个成就让当时年仅24岁的高斯在欧洲天文学界一下子声名鹊起。高斯在1809年将最小二乘估计的公式发表在被后世奉为圭臬的巨著《天体运动论》中。

故事说完了，我们的问题是：为什么高斯当时能够一下子征服欧洲天文界？

答案很简单：因为高斯在谷神星再次被人们观测到之前，成功地**“预测”**出谷神星的位置。

句中的关键词是“预测”，我们不妨设想如下场景。一个人在谷神星重新被观测到之后告诉大家：“我有一个理论，这个理论可以很好地解释为什么谷神星会再次出现在这里。”可以想象到的是，他的这个理论是一文不值的。

简单来说，**“预测”比“解释”重要得多，也难得多。**

2.2 什么是一个好的模型

我们先来看下面这张图。这张图统计了某公司过去几年的利润情况。图上有 6 个点，每个点都分别对应一年的利润（见图 2-2）。

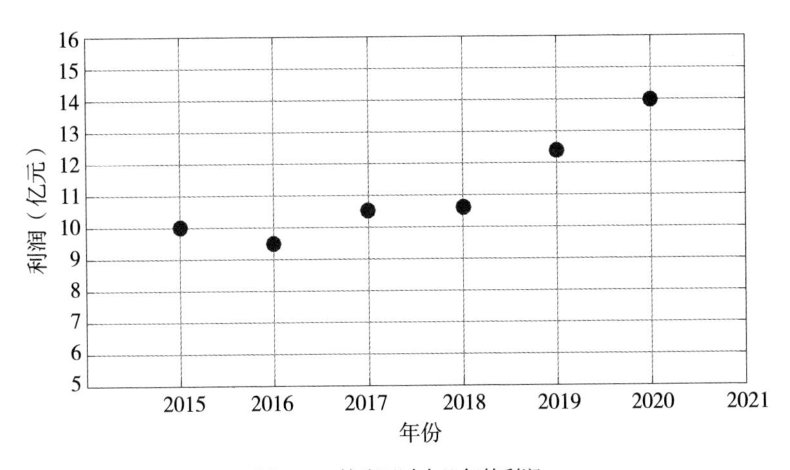

图 2-2 某公司过去几年的利润

我们能够看到这家公司的利润变化趋势：前 4 年保持稳定，后 2 年开始有所增长。

现在，如果我们想要根据这 6 个点预测这家公司未来两年的利润，应该怎么办呢？你需要根据现有的这 6 个点画出一条曲线，然后再把这条曲线按照过去的趋势延伸到后几年。有一个专业的词汇用于形容找到这条曲线的过程，叫作“曲线拟合”。

曲线拟合通常分为两步：首先确定曲线的基本形式，然后找到该形式下的最优参数。我们通常可以自己选择曲线的形式，而最常用的莫过于多项式形式。对于上面这个例子，如果我们假设有时间 t，而利润 y 是时间 t 的函数，那么一阶多项式的形式为：

$$y = a + bt \tag{2.1}$$

即假设利润和时间的一次方有关，这里 a，b 都是待定的系数。不难看出，一阶多项式就是一条直线，而参数 a，b，则决定了直线的斜率和截距。

确定了这个形式后，我们就需要找到最优的系数。这些系数应该要让已有数据点和这条曲线尽可能接近。我们在这里不详细介绍这个方法，但是该方法的核心，就是我们在上一节中提到的高斯发明的最小二乘估计。

机器学习领域的科学家把这条曲线对已有数据点的接近能力称为曲线对数据的解释能力。一条曲线和已有数据点越接近，这条曲线对这些点的解释能力就越强。

在给定一阶多项式形式的前提下，我们可以找到一组最优的 a，b，而这一组 a，b 对应的一阶多项式的解释能力最强。

图 2-3 显示了我们用最小二乘估计得到的最优系数所对应的直线。

我们可以看出，虽然这条直线大致反映了利润变化趋势，但是这些已有数据点并没有都和这条直线重叠，有些点与直线的差距还比较大。这条直线“解释”已有数据点的能力并不算太强。

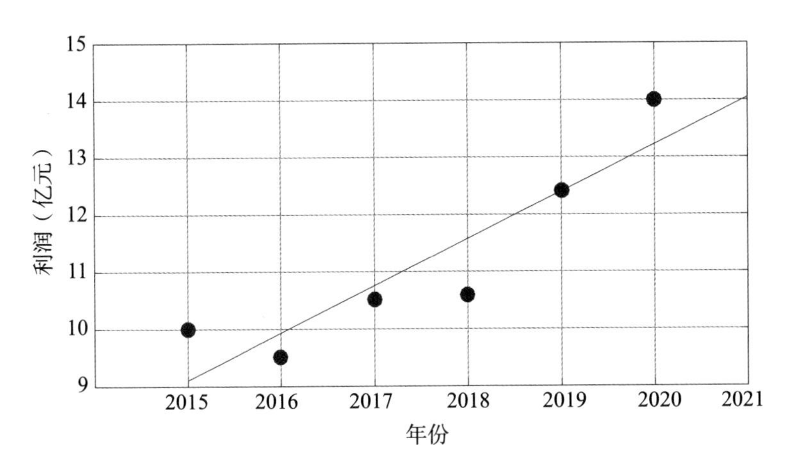

图 2-3 用一阶多项式拟合的情况

我们来看看如果我们选择二阶多项式来拟合这些点会发生什么。在这个例子中，二阶多项式反映的利润不仅和时间有关，也和时间的平方有关：

$$y = a + bt + ct^2 \tag{2.2}$$

同样，我们可以用最小二乘法，确定一组最优的系数 a，b，c，让这个二阶多项式对应的曲线和已有数据点最接近（见图 2-4）。

我们通过观察可以发现，已有数据点都比较接近这条曲线。而且很有意思的是，这条曲线还反映了企业最近几年加速增长的趋势。

和之前的那条直线相比，总体上图 2-4 中的这条曲线更好地反映了已有数据点。

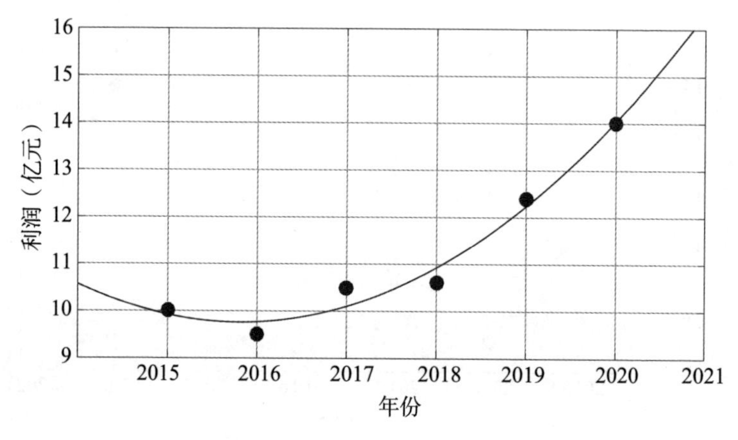

图 2-4　用二阶多项式拟合的情况

也就是说，对于已有数据点，二阶多项式对应的曲线比一阶多项式对应的直线解释能力更强。这很容易理解，因为阶数越高，待定的参数越多，线的灵活性越强，越可以更好地接近已有数据点。

如果再仔细看一下图 2-4，你会发现仍然有一些点不在这条曲线上。要想让这 6 个点都在这条曲线上，我们需要五阶多项式（见图 2-5）。

图 2-5 上的这条曲线经过了每一个已有数据点，这是之前的直线和曲线都做不到的。也就是说，这条曲线的解释能力比之前两条线更强，它达到了一个极致，能够完美地解释所有已有数据点。从解释能力上来看，五阶多项式肯定是最好的，但它一定是最好的模型吗？

肯定不是。

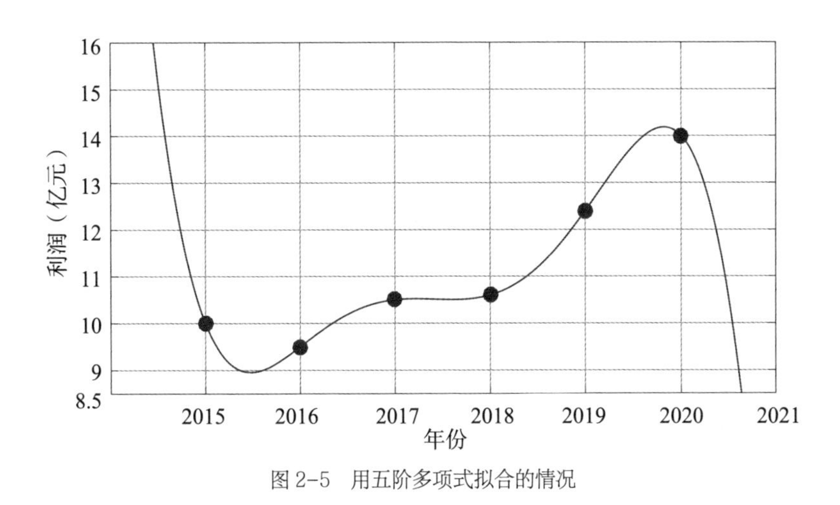

图 2-5　用五阶多项式拟合的情况

这个模型的意义在于预测这个公司之后几年的利润。如果用这个五阶多项式进行计算，我们可以发现，这个公司之后几年的利润会急剧下降，这显然预测得不够合理。

为什么会出现这一现象？机器学习中的“过度拟合”一词可以解释。过度拟合，是指这个模型可以很好地解释已有的数据，但是对没见过的数据预测得很差。

为什么会出现这一现象？这是因为所有已有数据点都会受各种小的噪声影响。一条曲线如果精准地拟合了这些数据，实际上也拟合了这些噪声。**拟合噪声会让这条曲线无法抓住底层真实的数据趋势。**

我们很容易发现，想使一条曲线具有好的解释能力其实很容易：在使用最小二乘估计的前提下，提高曲线的对应多项式方程的阶数。阶数越高，解释能力就越强。高阶的曲线具有更强的灵活性，可以更好地接近已有数据点。

但是，想使一条曲线具有好的预测能力则不是一件简单的事。我们需要控制多项式方程的阶数，不能过高，否则会拟合噪声；也不能过低，否则对应曲线和已有数据点的差距会过大。

无论如何，一个模型对未知数据的预测能力是判断其好坏的唯一标准。

计算机科学家们想了各种办法来判断何时会出现过度拟合，以及怎么避免过度拟合。例如，在选择模型时，刻意控制模型的复杂度，在上文例子中表现为控制多项式方程的阶数。此外，人们永远会把用来训练模型的数据（训练数据）和测试模型好坏的数据（测试数据）分开。也就是说，用来测试模型好坏的数据，永远是该模型未处理过的数据。这些数据对于该模型而言就是“预测数据的真实值”。

总结一下，在机器学习里，一个模型对未知数据的预测能力是判断其好坏的唯一标准。我们很容易通过一些方法（例如最小二乘估计）找到一个完美解释已有数据的模型。但是要找到一个能够很好地预测新数据的模型，则困难得多。

2.3 结论

现在，我们应该可以回答“怎样的理论是一个好的理论”这一问题了。

想判断一个理论的好坏，关键要看它对未知事物的预测能力，而不是对已知事物的解释能力。每个人都可以找出很多理论来“解释”已知，但是只有正确的理论，才能准确“预测”未知。

英国近代经验主义哲学家弗朗西斯·培根（Francis Bacon），即说出那句“知识就是力量”的人，曾经把“科学方法”总结为以下五步：

- 观察
- 提出理论假设
- 用这个理论假设做出一个预测
- 用实验来验证预测是否成真
- 分析你得到的结果

如果结果符合你的预测，你的理论就有可能是对的；如果不符合，你就需要修正假设。看到了吗？科学方法强调的也是“预测”。我们可以用这一标准来检验生活中的各种理论。

例如，大家总能听到一些股评家用他们自己总结出的各种各样的理论解释某只股票为什么会涨，为什么会跌。但是现在我们都知道，这些都是“解释”。解释一个已经发生的事情很容易。例如，我们可以为今天某只股票大跌找到很多理由，包括受某个相关行业的影响，财报不如预期，等等。解释很容易，但作用不大。你如果想判断某位股评家的水平，就只需要在一段时间内用他的理论预测股市。如果股市变化遵从他的理论，证明他是真的有水平。很可惜的是，绝大部分股评家都没有这个水平。不过在现实中，也很少有人认真统计这些股评家曾做的预测。

此外，在成功学领域也是如此。市面上有很多关于成功学的书，书的作者通常根据世界上各个成功人士的经历，从各自的角度总结出一套成功学理论。因为这些成功学理论本来就是从这些成功人士的身上总结出来的，所以可以很好地“解释”这些人为什么能成功。但是真正有用的成功学，应该能在很多人真正成功的前几年，准确预测到这些人可以成功。这样的成功学才是站得住脚的理论，也更有价值。

总之，**解释价值不高又很容易；预测很珍贵，但又真的很难。**

第 3 章 三个臭皮匠，未必顶得过诸葛亮

常言道：三个臭皮匠，顶个诸葛亮。本章我们站在方程组的角度来探讨这句话是否有道理。

3.1 多样性红利

哥伦比亚商学院的凯瑟琳·菲利普斯（Katherine Phillips）教授开展过这样一项研究：安排多个小组去解开一系列谋杀案之谜，并且各小组都会收到大量复杂的材料，包括不在场证明、证人证词、嫌疑人名单等。

菲利普斯教授的这项研究主要考察团队构成对推断准确率的影响，因此她设计了三种团队构成方式。第一种方式是由个人单独调查。第二种方式是由几个背景相似、志趣相投的好朋友组成小组共同调查。第三种方式则是由几个朋友与陌生人组成小组来调查，并且陌生人和组中其他人所处的社会环境、背景都不同。

那么，哪种方式构成的团队更有成效呢？答案是第三种：几个朋友与陌生人组成的小组。这种团队在 75% 的案件中都找到了谜底。

相比之下，由好朋友构成的团队的推断准确率只有54%，单独调查的个人的推断准确率只有44%。

多人构成的团队比单人的团队更有成效，这一点大家都能理解，因为人多可以想得更周全。这也是“三个臭皮匠，顶个诸葛亮”的原因。

但为什么有陌生人的团队，会比全由朋友组成的团队更好、更有成效呢？菲利普斯教授带领研究者仔细观察了两种团队执行任务的方式。全由朋友组成的团队在讨论问题时非常愉快，这些人的视角、观点很接近，因此大部分时间都在互相认同。但是，他们最后综合各方意见得出的很多结论是错误的。而加入了陌生人的团队则不同。陌生人和组中其他人所处的环境不同，有着不同的感知视角。因此小组的集体讨论中充满了争论和分歧。然而，这个团队最后对外公布的结论往往是正确的。

这就是多样性带来的红利。

多样性已经是一个公认的优势。比如医生在遇到一个棘手的医疗问题时，采用的方案往往是请多个有经验的医生参加会诊。这些医生来自不同科室，具有不同的背景、经验和视角，他们讨论出来的结果，往往最接近真相。

斯科特·佩奇（Scott Page）在其著作《多样性红利》中，就提到了很多这样的例子。例如，你要解决一个公共政策问题，而你的团队里已经有三位顶级的统计学家，那么你现在就不需要再增加一位统计学家，而是需要一位经济学家或社会学家。如果你是个网球运动员，那么与其请三位网球教练，就不如请一位网球教练、一位健身教练和一位营养师。

这样做是因为，任何人都可能会有认知盲点，而站在不同角度的人在一起讨论后达成的共识，往往最接近真相。

这就是所谓的多样性红利。

接下来，我们站在方程组的角度来思考多样性红利。要想从这个角度理解多样性红利，我们首先要理解方程组的本质。

3.2 方程组的本质

我们从一个广为人知的鸡兔同笼问题开始，介绍方程组的概念。该问题最早出现在《孙子算经》中："今有雉、兔同笼，上有三十五头，下有九十四足。问雉、兔各几何？"

这个问题有很多种解法，但是方程组无疑是最直接、最有效的。假设鸡和兔子的数量分别为 x_1，x_2，可列方程组：

$$\begin{cases} x_1 + x_2 = 35 \\ 2x_1 + 4x_2 = 94 \end{cases}$$

然后直接可以解出方程组的解为 $x_1=23$，$x_2=12$。也就是说，有 23 只鸡，12 只兔子。

虽然我们很早就能熟练使用方程组，也会用它解决一些实际问题，但却很少有人仔细思考方程组的本质到底是什么。

在我看来，方程组的本质如下。

现在有一个或多个事物，我们无法直接了解这些事物的内在本质，只能从一些角度来观察这些事物的外在表象。**这里的内在本质，是方程组中的待定变量；而外在表象，就是方程组中等式右边的这些数值。**

从各个角度进行观察，我们都可以得到相应的内在本质和外在表象的关系，得到相应方程。**一个方程，就是从一个角度观察得到的结果。如果我们从多个角度进行观察，就会得到方程组。接下来解方程组的过程，就是结合多个角度的观察结果，找到内在本质的过程。**

还以鸡兔同笼为例，我们想要知道鸡和兔子的数量。第一个方程，提供了从“头”的角度得出的结论：鸡兔共有 35 个头。第二个方程，提供了从“脚”的角度得出的结论：鸡兔共有 94 只脚。

联立方程组让我们结合这两个角度，通过解方程了解背后的真相（鸡和兔子的数量）。

我们可以把方程组更形象地表示出来。以鸡兔同笼为例，满足第一个方程 $x_1+x_2=35$ 的所有点（x_1, x_2），都位于 x_1+x_2 平面中的一条直线上。这条直线上的所有点的横坐标 x_1 和纵坐标 x_2 的和都是 35。同样，满足第二个方程 $2x_1+4x_2=94$ 的所有点也都在该平面上的另一条直线上。如果我们用图形表示（见图 3-1），其中的直线 L_1 代表第一个方程，直线 L_2 代表第二个方程。而两条直线的交点，就是这个方程组的解。

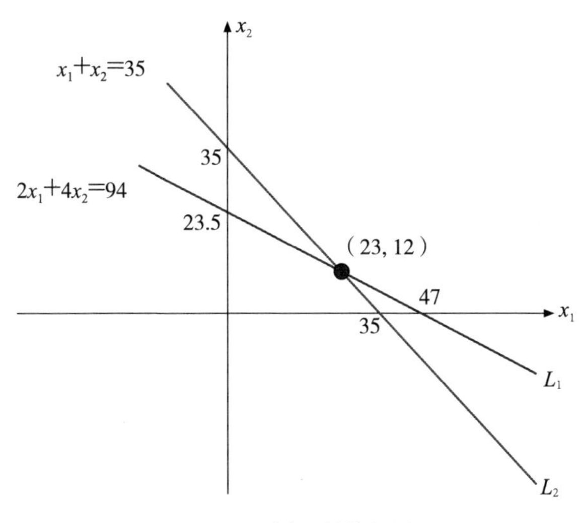

图 3-1　鸡兔同笼的方程组

用每条直线来代表方程组中的每个方程，用多条直线的交点来代表方程组的解，可以帮助我们更深刻地理解方程组的本质：**每条直线都代表一个观察的角度，而直线的交点就是站在多个角度进行观察后达成的共识。**

很显然，我们总是希望站在多个角度进行观察后达成的共识，能无限接近问题背后的真相。

表面上看，解方程这一方法可以很完美地解决鸡兔同笼这类问题：只要针对问题列出多个方程，那么通过解方程就可以很好地找到问题背后的真相。

然而，实际情况并没有那么简单，我们来举个例子。

3.3 病态方程组

一个店主在线上商场中卖气球。有一个买家选择了两种颜色相同、大小略有不同的气球，各买了 100 个。店主从仓库里将这两种气球各拿出 100 个（没充气），可是他在发货前不小心把这些气球混在一起了。

店主让小助理在发货之前再确认一下两种气球是否各为 100 个，这时候小助理开始犯愁了。这两种气球看起来差不多，一个一个数效率太低了。小助理灵机一动，想到了下面这个方法。

他将这两种气球各拿出一个，找一个精密的秤分别称出气球的重量。气球 A 的重量是 2.05g。气球 B 的重量是 2g。他快速数完混在一起的气球的数量，确认一共是 200 个，又把这些气球放在一起称重，发现重量为 405g。

很快他开始用方程组的思想解决问题。

首先，他假设气球 A 和气球 B 的数量分别为 x_1，x_2，并列出如下方程组：

$$\begin{cases} x_1+x_2=200 \\ 2.05x_1+2x_2=405 \end{cases}$$

计算后发现，$x_1=x_2=100$，即每种气球正好 100 个。小助理很得意，这看起来是用数学解决生活问题的完美范例。

然而，需要指出的是，在理想情况下这样做确实没问题，但是在实际情况中，这样做蕴含一个大风险。

如果小助理用来称重的秤出现了一点点误差，最后称重结果不是 405g，而是 406g。那么根据方程组：

$$\begin{cases} x_1+x_2=200 \\ 2.05x_1+2x_2=406 \end{cases}$$

他得到的结果就是 $x_1=120$，$x_2=80$。只是 1g 的称重误差，就让最后的结果如此不同。

又比如，如果小助理开始时称的那个气球 A 的样本与标准的气球 A 相比偏轻，不是 2.05g，而是 2.04g，那么根据该方程组：

$$\begin{cases} x_1+x_2=200 \\ 2.04x_1+2x_2=405 \end{cases}$$

他得到的结果就是 $x_1=125$，$x_2=75$，同样与真实的 $x_1=100$，$x_2=100$ 相差甚远。也就是说，仅 0.01g 的误差，会让最后的结果产生巨大的误差。

以上的这两种情况绝不是一件好事，因为误差在实际情况中几乎永远无法消除。很小的误差会对结果造成很大的影响，这就是所谓的“失之毫厘，差之千里”。

这些称重带来的误差，都可以被称为“噪声”。在气球的例子中，方程组中的一点点噪声会让最后的解产生巨大的误差，这种情况被称为“对噪声极为敏感”。数学家们将这类对噪声极为敏感的方程组称为**“病态方程组”**。

病态方程组对噪声、初值等特别敏感，数据稍微改变一点，输出的结果就会发生很大的变化。对这种情况，大家更熟知的几个词语可能是“蝴蝶效应”“混沌效应”等。

并不是所有的方程组都会有这个问题。计算鸡兔同笼的方程组就不存在这个问题。例如，如果数脚时多数了两只，那么根据方程组：

$$\begin{cases} x_1+x_2=35 \\ 2x_1+4x_2=96 \end{cases}$$

我们可以得到 $x_1=22$，$x_2=13$。这个估计虽然不完全正确，但是和真实的估计 $x_1=23$，$x_2=12$ 非常接近，在实际应用中这种不同并不会产生太大的影响。

那么，产生病态方程组的原因是什么？数学家们早已找到症结，其和不同方程中自变量的系数所构成的向量的夹角有关。为此，数学家们定义了一个条件数（condition number）来描述病态方程组的“病态程度”。想得到条件数，可以先将方程组的系数写成矩阵形式，然后对该矩阵做奇异值分解，奇异值分解的结果就是可以求出的条件数。条件数越大，说明这个方程组病态程度越强，对噪声越敏感。

这种解释精确而严格，但对于没有线性代数基础的人来说很难理解。

这里给出一个关于病态方程组的直观且图像化解释（见图 3-2）。

方程组中的每一个方程都对应一条直线，方程组的解就是各个方程对应的直线的交点。气球的例子对应的方程组为：

$$\begin{cases} x_1 + x_2 = 200 \\ 2.05x_1 + 2x_2 = 405 \end{cases}$$

我们可以看出，这两条直线的斜率非常接近（即直线形成的夹角很小）。不难理解，在这种情况下，**某条直线的斜率或截距只是稍微变化一点，直线交点的位置也会有很大变化。**

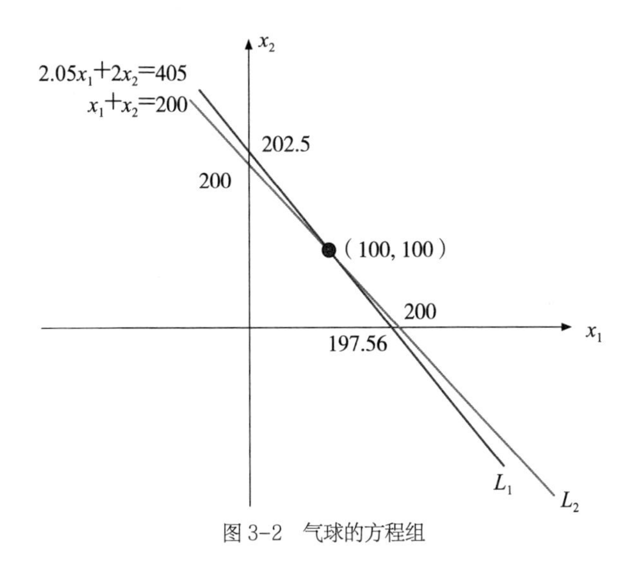

图 3-2　气球的方程组

这就是这个方程组对噪声敏感的原因。

如果对比上文中鸡兔同笼的例子，我们会发现在鸡兔同笼的例子中方程组对应的两条直线所形成的夹角较大，即使某条直线变化一点，直线交点的位置也不会发生很大的变化，因此这个方程组对噪声也就不那么敏感。

所以简单地说，**病态方程组中对应直线形成的夹角很小**。这些直线交点的位置极易因某条直线的细微变化而产生极大变化。

3.4 用病态方程组解释多样性红利

通过病态方程组，我们可以更好地看清为什么多样性如此重要。如果多个人想通过交流的方式达成共识，了解某件事背后的真相，那么这些人最好站在不同角度。针对同一件事情，每个人都站在各自的角度进行观察，这相当于每个人都以自己的方式画了一条直线，而所有直线的交点，就是共识。

要想让这个共识能够接近事情的真相，这些直线形成的夹角就不能太小。也就是说，这些人的观察角度要有较大的差别，**站在有较大差别的角度进行观察后得出的共识，才有意义。**

这是对多样性红利的数学解释。

3.5 总结

本章我们从方程组的角度解释了多样性红利。

方程组里的每个方程，都从某个特定的角度来看待一些事物的内在本质。而方程组的解，就是结合多个角度的观察结果达成的共识。

我们知道，如果一个方程组中每个方程对应的直线的斜率过于相似，那么这个方程组就是一个“病态方程组”。病态方程组很不稳定，它的解极易受噪声影响。

同样，如果想通过多个人达成共识的方式来掌握问题背后的真相，那么这些人看问题的角度需要有较大的差别。否则，也会出现病态方程组问题，得到的答案也会不够准确。

从这个角度来说，我们可能需要对“三个臭皮匠，顶个诸葛亮”进行修改。三个臭皮匠要想顶一个诸葛亮，他们三个具备的特长和看问题的角度最好也都不同。如果这三个人看问题的角度很接近，恐怕就不如一个诸葛亮。

第 4 章 频繁的小确幸与偶尔的大幸福

4.1 小确幸和大幸福

在现实生活中，我们经常听到一个词叫作“小确幸”。小确幸这个词源于村上春树的随笔集，是指生活中经常发生的“微小但确切的幸福”。村上春树在文章中提及，当他把洗涤过的洁净内衣卷好、整齐地放在抽屉中时，他就感觉到了小确幸。

生活中有很多这样的小确幸：你一按电梯，电梯门就开了，并且正好一个朋友从电梯里出来；你开车时，你所处的那条车道最顺畅；你走在路边，突然发现路旁的树已经冒出绿芽；想妈妈了，刚要给她打电话，她的电话就打了过来；突然发现自己放在购物车里很久没舍得买的化妆品降价了；运动后洗完澡，躺在沙发上感觉自己浑身毛孔都打开了，等等。

这些小确幸就是生活中小小的幸运与快乐，只要你仔细观察、体会，永远都能发现它们。

与小确幸对应的是所谓的“大幸福”。这些大幸福包括通过了各个重要的考试（中考、高考、研究生考试等），买彩票中奖，通过博士答辩，升职加薪，结婚生子，等等。正所谓人生有四喜："久旱逢甘雨，他乡遇故知，洞房花烛夜，金榜题名时。"这些都是大幸福。

从频率上来说，"大幸福"在一段时间内的发生次数肯定比"小确幸"少得多，但带来的愉悦感也肯定比"小确幸"更大。问题是，**偶尔的大幸福和频繁的小确幸，哪种更能使我们感到幸福？**

要想科学地回答这个问题，我们要理解一个名为"卷积"的概念。

4.2 卷积

卷积是控制系统、信号处理领域的核心概念之一，现在比较前沿的卷积神经网络中也用到了这一概念。

卷积是两个信号之间的一种特殊的操作，它的数学定义看起来很复杂。我们以最简单的时间信号为例，两个时间信号 $f(t)$ 和 $g(t)$ 经过卷积后，产生一个新的信号 $y(t)$。$y(t)$ 的表达式如下：

$$y(t)=\int_{-\infty}^{\infty} f(\tau)g(t-\tau)\mathrm{d}\tau \tag{4.1}$$

这个表达式看起来很复杂也很晦涩，如果我们从数学角度来解释，就是把一个函数"翻折"，然后不断"乘和加"，这不太好理解。很多第一次学习卷积的人看到这个表达式，就会立刻放弃理解这个概念。我们不具体介绍这个表达式，但是会从实际的角度来介绍卷积。

卷积的目的**是刻画一个系统对于外界输入的反应。**系统是控制理论中的概念之一，简单来说，系统接收输入信号$f(t)$，然后产生输出信号（也被称为系统对输入的响应）$y(t)$（见图4-1）。

输入 ⟹ 系统 ⟹ 输出

图4-1 系统与输入、输出的关系

系统对外界输入进行输出，这个概念在生活中无处不在。

例如，身体不舒服时吃药，所吃的“药”是输入，你的身体是系统，而你的身体变化，就是你的身体这一系统对于“药”的输出。

你走在路上时，不小心滑了一下扭了脚，然后脚肿了。在这个例子中，系统是你的脚，“扭了脚”是输入，而你的脚肿了，就是脚这个系统对输入的输出。

背单词也是如此。在你背一个单词时，“背单词”这个动作就是一个输入，你的大脑是系统，而这个单词在你大脑中的记忆程度就是你的大脑对于该输入的输出。

你走在路上不小心碰到了一个人，那个人骂了你一句是外界的输入，而你那时的心情就是你对于这个外界输入的输出。

我们可以发现，在上面的例子中，输入都是某种与脉冲类似的“刺激”。这种单次的刺激在控制系统中被称为“冲激函数”（impulse）。而系统受到冲激函数作用后的输出通常呈这样一种模式：从零开始升高，到达最高点后慢慢下降至零。

比如，背单词的这个行为，相当于对你的大脑进行了一次冲激输入。你的大脑迅速开始记忆，并在短时间内留下深刻印象。但是这个印象会随着时间的流逝而逐渐变淡，直到你把这个单词全忘了（见图 4-2）。

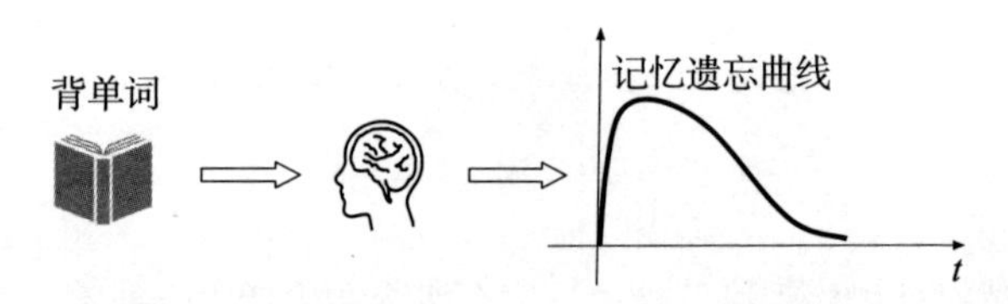

图 4-2 单词在一个人脑中的记忆如何随时间变化

图 4-3 总结了上文例子中的模式：在冲激函数 $f(t)$ 作用下，一个系统的输出 $y(t)$ 从零开始升高，在某一时刻达到最高点，而后逐渐下降。这种模式也是现实中绝大部分系统对于外界刺激的响应模式。

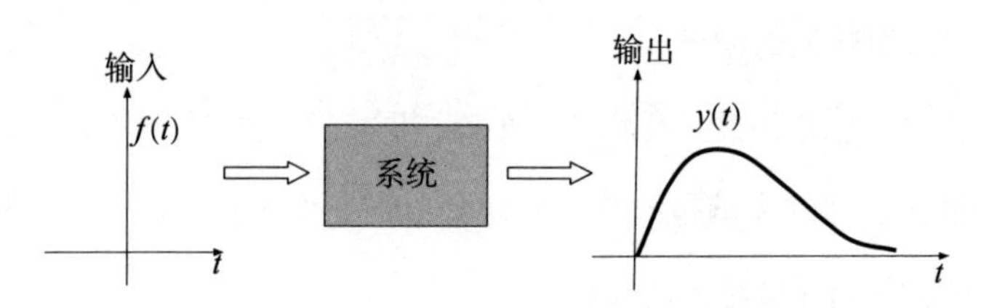

图 4-3 常见的系统响应冲激函数的模式

现在的问题是，如果输入并不像上文例子中那样是一次性的刺激，而会持续一段时间（见图 4-4），那么此时系统的输出会是怎样的呢？

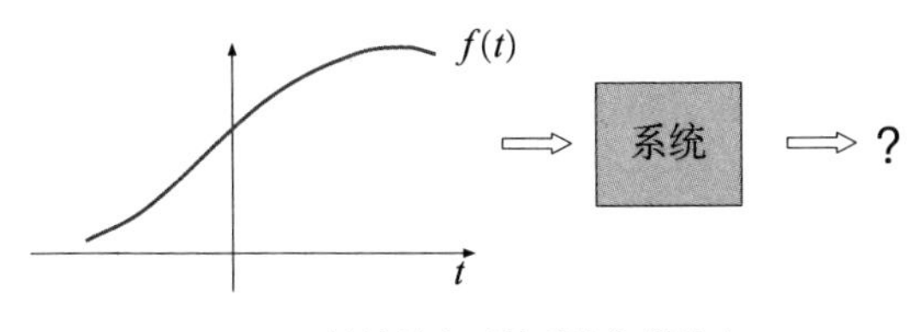

图 4-4 持续输入后的系统怎样输出

答案其实很简单：我们只需要把这个连续的输入信号，拆解成一系列不同高度、不同作用时间的脉冲序列（见图 4-5），即一系列冲激函数。

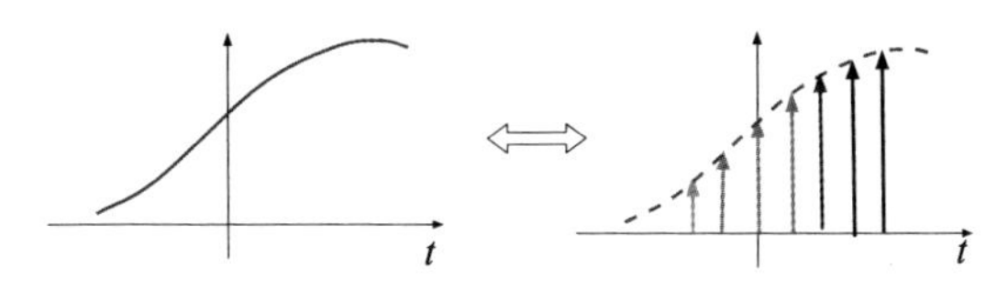

图 4-5 将输入拆解成一系列冲激函数

当我们把一个连续的输入，拆解成一系列脉冲序列后，我们只需要将系统在每个脉冲（冲激函数）单独作用下的输出加在一起，就能得到系统对这个连续输入的输出了（见图 4-6）。

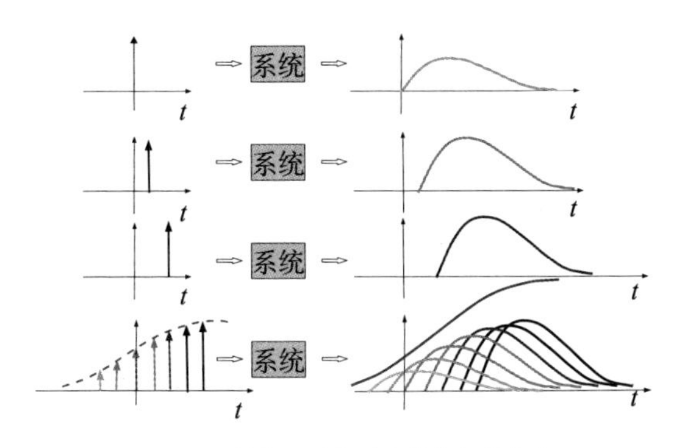

图 4-6 拆分后系统对连续输入的输出

如果用数学公式表达上面这个过程，就是公式（4.1）中定义的卷积。公式中的 $g(t)$，是系统对于单位高度的冲激函数的响应，又称为冲激响应（impulse response）。

卷积公式其实告诉了我们这样的道理：系统对于一个脉冲序列的响应，就是其对单独每个脉冲输入的响应的叠加。

4.3 用卷积解释偶尔的大幸福和频繁的小确幸

我们可以用卷积说明大幸福和小确幸对你的幸福感的影响。

当你遇见一件让你开心的事情时（不管是大幸福还是小确幸），这件事就是上一节中的冲激函数，它作用在“你”这个系统上，会让你产生幸福感。

但很明显，这种幸福感并不会持续很久，并且会以比你的想象更快的速度消退。

美国进化心理学学者罗伯特·赖特（Robert Wright）曾在他的《洞见：从科学到哲学，打开人类的认知真相》一书中，从生物进化的角度分析为什么外界刺激带来的快感会迅速消退。

首先，我们努力做很多事情，包括进食、让同伴钦佩、战胜对手、找到伴侣等，这些行为有助于我们传播自己的基因。进化让大脑在实现这些目标时能产生快感，也正是在这些快感的驱使下，我们才会不断追寻这些目标。

但是，进化心理学又告诉我们，这些快感不应该持续很久。毕竟如果快感不消退，我们就再也不用追寻目标。例如，如果进食带来的饱腹感不会消退，那么我们根本没有动力再去找食物；如果努力成功了一次之后带来的幸福感不会消退，那么我们就会一直沉浸在这种幸福感里，没有动力去追求更高的目标。

因此，你遇见一件让你感到幸福的事情时所产生的幸福感，会呈上文提到的那种模式：从零开始升高，到达最高点后慢慢下降至零。

显然，大幸福对应的冲激函数比小确幸对应的冲激函数高得多，因此大幸福给你带来的幸福感的最高点更高，并且持续的时间更长。图 4-7 中显示了一个小确幸和一个大幸福分别让你产生的幸福感。

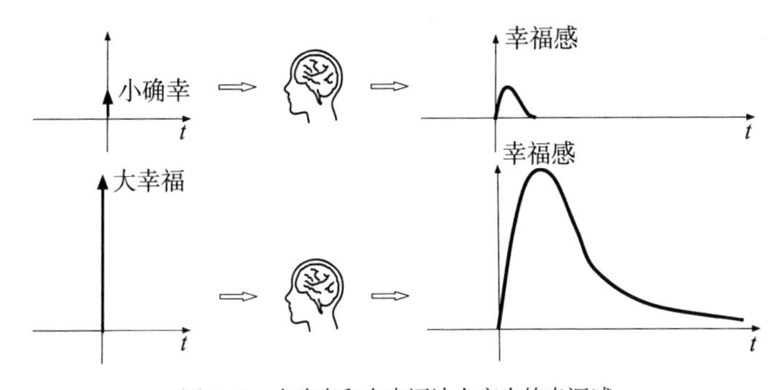

图 4-7　小确幸和大幸福让人产生的幸福感

单次的大幸福肯定比单次的小确幸更让你产生幸福感。大幸福毕竟很少见，一个人一生可能都没有几次；而小确幸却可以经常发生。我们来看一下频繁发生的小确幸会让你产生什么样的幸福感。

图 4-8 显示了一连串频繁发生的小确幸会让你产生的幸福感。我们可以看出，虽然每个小确幸只产生一个很小的幸福感，但根据卷积公式，系统对于一系列输入的输出即其对单独每个刺激的响应的叠加。因为每个小确幸离得很近，相邻的小确幸产生的幸福感在叠加后，会让你整体的幸福感一直处于比较高的水平。

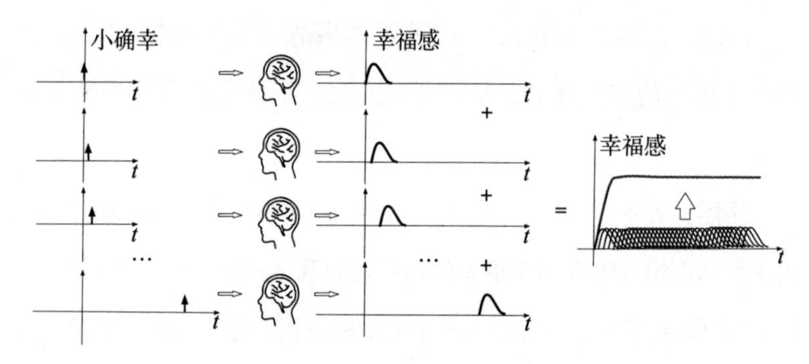

图 4-8 一连串的小确幸带来的幸福感

虽然大幸福每次产生的幸福感比小确幸高得多，但是这种幸福感维持的时间并不算长。更重要的是，因为间隔时间太久，所以你的幸福感仅在大幸福到来时很高，而在中间漫长的过程中，你的幸福感一直很低，这个过程见图 4-9。

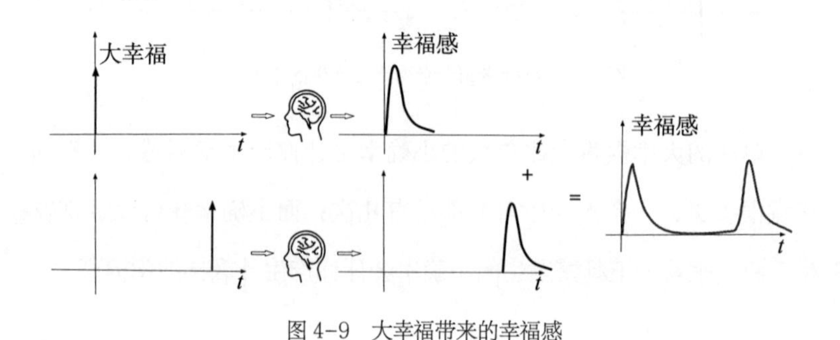

图 4-9 大幸福带来的幸福感

对比图 4-8 和图 4-9 我们可以清楚地看出：**频繁的小确幸，能比偶尔的大幸福带来更多幸福感。**这也可以解释为什么很多中了彩票的人或所谓的拼命奋斗后终于成功的人，其实在生活中并不感到幸福，因为他们已缺乏体会“小确幸”的感知力。

4.4 卷积的思想在生活中的其他应用

卷积的思想在生活中有其他应用。例如，一个在大城市的市中心附近上班的年轻人在买房时通常会面临两个痛苦的选择：到底是买市区的小房子，还是买远郊的大房子？

这个问题也可以用卷积的思想分析。

如果他买了远郊的大房子，他会在刚住进去的一段时间内感受到“大幸福”。

但是有经验的人会知道，只要房子不是太小，其实大小房子的居住体验差别不大。即使是一个很大的房子，刚开始让人感觉很新奇、舒服，它带来的幸福感在他住久了后很快也会消退。

因为大房子在远郊，所以他需要每天花很长时间在单位和住所之间往返。这个痛苦虽然不大，却是实实在在每天都要承受的，这些每天发生的“小痛苦”叠加起来，会让他的幸福感非常低。

至于市区的小房子，虽然刚住进去他会觉得不习惯，但是之后适应了，就不会觉得房子太小了。这只是一个持续期很短的“大痛苦”。

但随之而来的，是每天他都可以省下大量的通勤时间，他不用起那么早，有充足的睡眠时间，下班后也可以有很多时间用来锻炼、看书、做想做的事情。单位和家近在咫尺会让他每天有更多的自由、便利，以及更多的小确幸。每天叠加起来，会让他的幸福感一直处于较高的水平。

所以说，如果要选择，应该买市区的小房子，而不是远郊的大房子。

背单词也是一样。我记得背单词有一个诀窍：在忘记之前，高频复习。这个方法蕴含的道理也可以用卷积来解释。

单次背单词的效果会随着时间慢慢消散。但是多次背单词的效果，就是在不同时间单次背单词效果的叠加。如果要记住一个单词，就必须使这个单词在你的大脑里以位于记忆有效区的强度存在一定时间，鉴于单次背单词的效果会在短时间内消散，我们必须在这一次的背诵效果下降得很厉害之前再次背诵，才会使总的背诵效果位于记忆有效区，这一点可以从图 4-10 中看清楚。

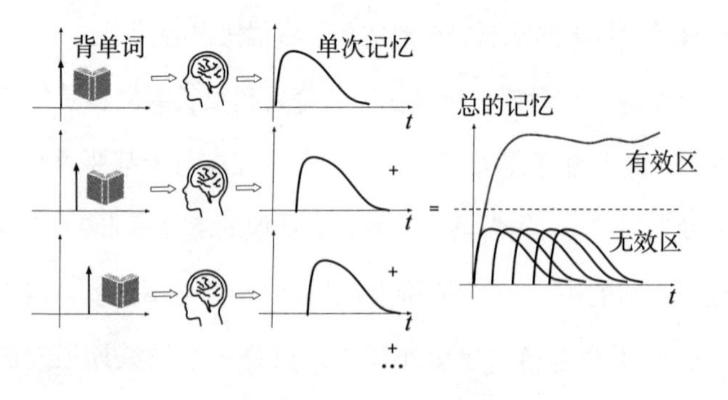

图 4-10　多次背单词的效果

而如果两次背单词的时间间隔太长，那么效果就像图 4-11 中显示的曲线一样，你大脑里的某个单词，总进入不了记忆有效区，这个单词你永远记不住。

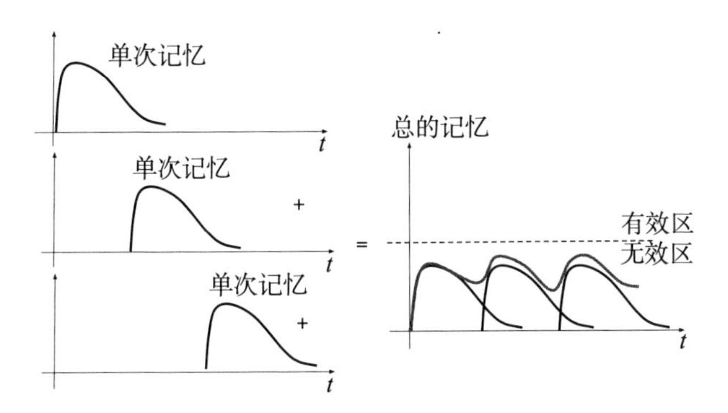

图 4-11　两次背单词的时间间隔太长，总的记忆情况一直不好

4.5　总结

本章我们介绍了一个控制系统、信号处理领域的核心概念之一：卷积。

对于一个系统，给其一个输入就会有输出。如果输入是某种类似脉冲的单次刺激，系统的输出通常都是这样一种形态：从零开始升高，到达最高点后慢慢下降至零。

针对一个连续的输入信号，我们可以把这个输入信号拆成一个脉冲序列，然后这一个序列的脉冲可依次作为输入作用在系统上。卷积告诉我们，系统对于一个脉冲序列的响应，就是对单独每一个脉冲的响应的叠加。

卷积可以帮助我们在日常生活中做出选择。例如频繁出现的小确幸带来的幸福感，会高于偶尔拥有的大幸福；在市中心附近工作的上班族应该买市区的小房子而不是远郊的大房子，背单词的时间间隔不能太长，等等。

第 5 章

深层剖析“利与弊”

我们都知道所谓“金无足赤，人无完人”。它是说，世上没有完美无缺的事物，也没有完美的人，每个人都有一定的缺点和不足。类似的句子还有很多，例如“凡事有一利，必有一弊；凡事有一弊，必有一利”。

现实中，很多人对利弊的认识都停留在上文的层次。本章我想围绕“利与弊”这个话题进行更深的分析。

我们先从计算机中的处理器说起。

5.1 三种处理器

计算机都离不开处理器。从简单的单片机，到普通的手机、家用电脑，再到高性能计算机，各种计算机中都有处理器，处理器可以对输入的数据进行运算或操作。

大家最熟悉的处理器肯定是中央处理器（Central Processing Unit，CPU）。CPU 是一块规模超大的集成电路，在所有处理器中应用范围最广，功能最多。CPU 不仅负责对不同类型的数据进行各种计算，还负责处理指令、产生中断、定时等。CPU 需要完成的任务纷繁复杂，这要求 CPU 有很强的通用性，也因此 CPU 的内部结构异常复杂。

从这个角度来讲，我们可以把 CPU 看成一个“多面手”或“万金油”。接着我们再来看看另一种处理器，即图形处理器（Graphics Processing Unit，GPU）。单从字面上，就可以看出 GPU 主要应用于 2D 和 3D 的图形处理。因为 GPU 需要完成的任务较为单一，所以其在设计上为图形处理专门做了优化。例如，GPU 的算术逻辑部件（Arithmetic Logic Unit，ALU）在整个处理器中的数量和占比远高于 CPU。这使 GPU 在浮点计算和并行计算方面拥有出色的性能，其图形处理速度可以达到 CPU 的数十倍，成了计算机显卡的核心部件。

从这个角度来讲，GPU 是为某个特定功能（图形处理）定制的，虽然通用性不够强，但是在这个特定功能上的效率却被大大提高了。

最后，我们再来看谷歌开发的张量处理器（Tensor Processing Unit，TPU）。

近十年来，以深度神经网络为代表的人工智能得到了飞速发展。作为开发出战胜李世石的阿尔法围棋（AlphaGo）的公司，谷歌的图像搜索、谷歌照片、谷歌翻译等多种产品和服务，都高度依赖深度神经网络。虽然 CPU 和 GPU 都可以完成对深度神经网络的计算，但它们的效率仍然太低。为了进一步提高深度神经网络计算的效能，谷歌开发了 TPU 作为专为深度神经网络进行计算的处理器。

深度神经网络中计算量最大的部分通常是矩阵中的乘法。TPU针对如何高效执行矩阵乘法进行大幅优化。例如，TPU应用量化技术进行整数运算而非浮点运算，这大大减少了运算所需的内存容量和计算资源。此外，TPU内设计了存储管理部件（Memory Management Unit，MMU），能将成千上万的乘法器和加法器直接连接起来，在一个时钟周期[①]内处理数十万次矩阵运算。

TPU与CPU和GPU相比，有15~30倍的性能提升，以及30~80倍的效率提升。

注意，TPU中专门为矩阵乘法运算进行的这些优化，并不适用于通用计算。

TPU不能成为像CPU一样的多面手，甚至不能像GPU一样对图形、图像进行任意指令下的处理，只能对深度神经网络进行计算。但正因为它专注于深度神经网络的计算，所以它可以针对这个场景做大量且定制化的优化和设计，大幅提升完成相应任务的效率。

通过了解这三种处理器，你悟出了什么道理？

在这三种处理器中，CPU通用性最强，但是通用性强的代价是效率比较低。GPU专门处理图形，通用性较差，但是处理图形的速度很快。TPU只进行深度神经网络的计算，通用性最差，但是它在专且精的任务中效率最高。这直接印证了“凡事有一利，必有一弊；

① 处理器工作的基本时间单位。在一个时钟周期内，CPU仅完成一个基本动作。——编者注

凡事有一弊，必有一利”。

这三种处理器各有各的最适合的应用场合，如果被用错了地方，那么它们的优势可能会无法发挥，反而被放大劣势。

例如，CPU 是一个多面手，可以完成计算、处理指令、产生中断、定时等多种纷繁复杂的任务，因此它在通用计算机上最能发挥优势。如果我们把 CPU 用在深度神经网络的计算上，那么其优势就无法发挥出来。

同样，如果我们把能够高效处理深度神经网络计算的 TPU 用在经常出现的场景中，包括处理文本、处理软件、执行银行业务等，那也是把它用错了地方。

这告诉我们，在大部分情况下，“利与弊”并不绝对。更准确地说，没有利弊，只有特点。某个特点是利还是弊，要根据情况判断：同样一个特点，用在某种情况中是利，用在另一种情况中可能就是弊。关于这一点，我再来讲一个故事。

5.2 五石之瓠

这个故事来自庄子的《逍遥游》，其简述如下。

有一天，惠子找到庄子说：“魏王给了我一颗大葫芦籽儿，我在家就种了一架葫芦，结果长出一个大葫芦，看起来丰硕饱满，有五石之大。可是因为这葫芦太大了，所以它什么用都没有。如果用它去盛水，葫芦皮太薄，盛上水一拿起来就碎了，把它劈成两半，用它来盛什么东西都不行。想来想去，葫芦这个东西种了有什么用呢？不就是最后为了当容器，劈成瓢装点东西？结果我的葫芦什么都装不了。”惠子进而说：“这葫芦大得无用，所以我把它打破了。”

庄子说：“你真是不善于用大的东西啊！现在你有五石那么大的葫芦，为何不把它当作腰舟让你浮游于江湖之中，反而愁你的葫芦无处可用呢？”（“今子有五石之瓠，何不虑以为大樽，而浮乎江湖，而忧其瓠落无所容？”）

惠子认为，葫芦只能用来装水或做葫芦瓢，因此这么大的葫芦一点用都没有，只能打破丢掉。而在庄子眼里，大葫芦让人可以“浮乎江湖”，自有其妙用。

这个故事告诉我们，一件事物乃至一个人都有其特点。因此最关键的是找到能够把特点变成长处的位置，让长处得以发挥，这样才能物尽其用，人尽其才。

关于利与弊，还有更深一层的理解，那就是主动用“可控的弊”，换取“更大的利”，我们来看一个例子。

5.3 NP 难问题的解决方案

计算机科学中，有一类问题叫作 NP 难问题（NP-hard problem）。这里的“难”不是指没办法解决，而是指找到这类问题的最优解所需的时间会随着问题规模的扩大而急剧增加。

典型的 NP 难问题是旅行销售员问题。关于这个问题的描述非常的简单：地图上有若干个城市，每两个城市之间的距离是已知的，现在让你求出一条经过所有城市，并且最终回到出发点的距离最短的路线。

这个问题非常重要，小到餐厅送餐，邮递员送货；大到几个城市之间工业运输路线的规划，背后都是旅行销售员问题。数学家从理论上证明，要想找到最优路线，只能暴力穷举（brute force），即把所有的路线都列举出来，然后分别计算长度，最后找一条最短的路线。

用这种方法虽然可以保证找到最优路线，但算法所需的时间会随着节点（城市）数量的增加而急剧增加。

例如，7 个城市共有 720 种排列方式，列出 720 条路线并找到最短的路线看起来还不算太麻烦，但是这只是针对 7 个城市。10 个城市的排列方式猛增至 362880 种。若有 26 个城市，排列方式就有 1.5×10^{25} 种，这已经远远超过科学家估测的宇宙中所有恒星的数量。

而在实际应用中，旅行销售员问题所涉及的节点数量可能有成百上千个。

那么面对这样的问题，我们该如何解决呢？

对此，计算机科学家设计了很多启发式算法（heuristic algorithm）。简单来说，这个算法可以帮助我们得到一个接近最优解的解，并且其计算出解的速度比正常计算最优解的速度快得多。

针对旅行销售员问题，有一个简单的启发式算法叫“最近邻居法”：从任何一个城市开始，每访问的下一个城市都是距离当前城市最近、同时尚未被访问的城市。

计算机科学家在设计一个启发式算法时，会试图从数学上找到该算法的近似比（approximation ratio），即最优解和用启发式算法找到的解的比值。例如，有一个启发式算法的近似比是 2，这意味着该算法可以快速为旅行销售员问题找到一个解，并保证这个解对应的距离在最差情况下不会超过最佳路线对应的距离的 2 倍。有人可能会问：“如果你无法有效地找到最优解，如何保证用启发式算法找到的解的大小不超过最优解的 2 倍？”这确实令人惊讶，而且看起来很神奇，但是在数学上是可以做出这样的保证的。

为旅行销售员这个问题找到启发式算法，就是用弊（性能下降或距离变长）来换取利（速度快）。并且更重要的是，近似比表示了弊的大小，让弊变得可控。如果你可以接受某个启发式算法的弊，那么你就可以放心地用它解决实际生活中的问题。

这就是用“可控的弊”换取“更大的利”。

5.4 用“可控的弊”换取“更大的利”

上文中的思想在实际生活中有很多应用。

在美国，森林野火每年都造成很严重的破坏。过去很多年，美国林务局应对森林野火的治理政策是野火必救：一旦在野外发现小火苗，就立刻派人扑灭。但是这种方法似乎没有降低发生大规模森林火灾的概率。

美国生态学家艾伦研究发现，干旱使很多树木枯死，这时候一旦发生火灾，这些树木会瞬间让森林燃起熊熊烈火。因此他建议，火灾发生时，应该在可控范围内让枯死的树木适时地被烧光，不要因累积过多枯木造成不可收拾的大火。

于是美国林务局在2013年修改了野火治理政策，不再实施“野火必救”，而是强调消防规划和燃烧控制，主动在可控范围内让森林的野火把枯木和其他易燃物一起烧掉。这样做降低了大规模森林火灾发生的概率。

这就是用可控的弊，换取更大的利的实际应用之一。

此外，打疫苗也是如此。打疫苗的本质是让少量病毒感染你，从而让你产生抗体。疫苗中的病毒对身体造成的伤害非常轻微，这个弊是可控的。而打完疫苗后，我们的机体产生了免疫力，这个好处远大于打疫苗带来的不适。

类似的例子还有，2013年某影星宣布自己接受了乳腺切除手术以降低患癌风险。因为她有乳腺癌家族史，并且她身上携带一种特殊的突变基因，而携带该突变基因的妇女一生中患乳腺癌的概率为80%，术后患乳腺癌的概率则会降至5%。这种预防性的乳腺切除，就是主动用可控的弊，换取更大的利。

兵书中有一个被称为“围城必阙”的心理战术，是指在攻城之时不将城池全部包围起来，而是打开一个缺口让敌人逃跑。因为如果敌军深陷重围，无处可跑，觉得没有活路，就必定会拼死抵抗，而放开缺口可能会放跑少数敌人，但带来的好处是瓦解敌人的士气，歼灭大部分敌人。这也属于主动用可控的弊，换取更大的利。

5.5 总结

今天我们围绕“利与弊”，从计算机处理器说起，结合计算机中的 NP 难问题和许多生活中的例子，主要谈了三层思想。

第一层，“凡事有一利，必有一弊；凡事有一弊，必有一利”。

第二层，“利与弊”并不绝对，很多情况下其实没有绝对的利弊，只有特点。某个特点是利还是弊，这个要根据情况判断，因此最关键的，是找到把特点变成长处的位置，让长处得以发挥。

第三层，主动用可控的弊，换取更大的利，是解决问题的有效策略之一。

第 6 章

世界是稀疏的：复杂现象背后的简单规律

6.1 自提柜的取件码

我经常去自提柜取我网购的东西。自提柜的取件流程如下：买的东西到了后，物流系统会向你的手机发送一个取件码（例如 D333EA），然后你到自提柜那里输入取件码，就可以把你买的东西取出来。

这套流程大家都已习以为常，但是有没有人想过这个问题：一个大的自提柜有几百个柜子，如果我根本没买东西却在自提柜前反复试，或者我按取件码时按错了，会不会也可以碰巧打开一个柜子把别人的货物拿走？

答案是否定的。为什么呢？我们可以用数学来回答。

假设一个自提柜有 1000 个柜子，每个柜子都对应一个 6 位的取件码。每个取件码只包含数字 0~9 以及字母 A~Z。如果你随机输入取件码，那么你输入多少次，可以打开一个柜子？

这是一道概率题。首先我们知道，自提柜的取件码都是近似随机产生的。因此，6 位取件码中，每位取件码的可能性有 36 种（10 个数字 +26 个字母），那么输入一次取件码的正确概率为 $1/36^6$。一次就能打开 1000 个柜子中的一个的概率为 $1000/36^6$。

如果你对这个数字不敏感，那么我们来计算一下，输入多少次才能让你有 1/10 的概率打开其中一个柜子。这个次数 n 的计算公式是：

$$1-\left(1-\frac{1000}{36^6}\right)^n=0.1$$

计算得到 $n\approx 210720$，大概是 21 万次。假设 10 秒输入一次取件码，那么你需要不吃不喝地站在那里试超过 24 天。注意，这还只是 1/10 的概率。

如果抛开上面的复杂计算，只用一句话来回答为什么随意试很难打开储物柜，那就是**能够打开柜子的取件码，分布得太稀疏了。**解释一下分布稀疏的含义。假设你面前有一些柜子，每个柜子都有各自的取件码，并且取件码是在给定范围内随机产生的。为了让读者们了解得更清楚，现在我们看最简单的情况，**假设只有 10 个柜子，取件码只有 1 位**。那么取件码必然在那 10 个数字以及 26 个字母之中。我们可以想象一条直线，这条直线上有 36 个点（见图 6-1），每个点对应一个数字或字母。那么能打开这 10 个柜子的取件码（在图中为 10 个大圆点）就是这条直线上 36 个点中的 10 个。

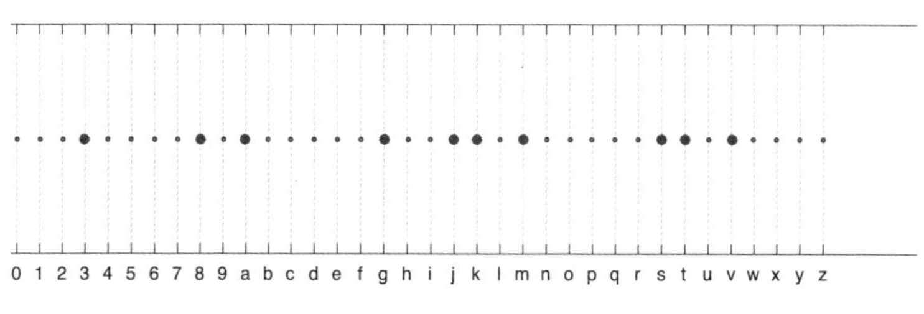

图 6-1　1 位取件码的情况

从图 6-1 中可以看出，随意选一个点是容易选中某个大圆点的。这也意味着，比较容易出现随意试一个取件码就可以打开某个柜子的情况。

假设取件码有 2 位，我们把第一位取件码视为包含 36 个点的横轴，第二位取件码视为包含 36 个点的纵轴。因此所有可能出现的取件码就都位于一个二维平面的交叉点上，如图 6-2a 所示。图中也显示了随机生成的 10 个能够打开柜子的取件码对应的大圆点。我们可以看出，此时，这 10 个点的分布十分稀疏。如果随意试很难选中大圆点的位置。

如果取件码变成 3 位，那么取件码就表现为三维空间的点。我们把所有可能出现的取件码对应的点，以及随机生成的 10 个能够打开柜子的点（大圆点）显示在图 6-2b 中。可以看出，这 10 个点变得更稀疏了。

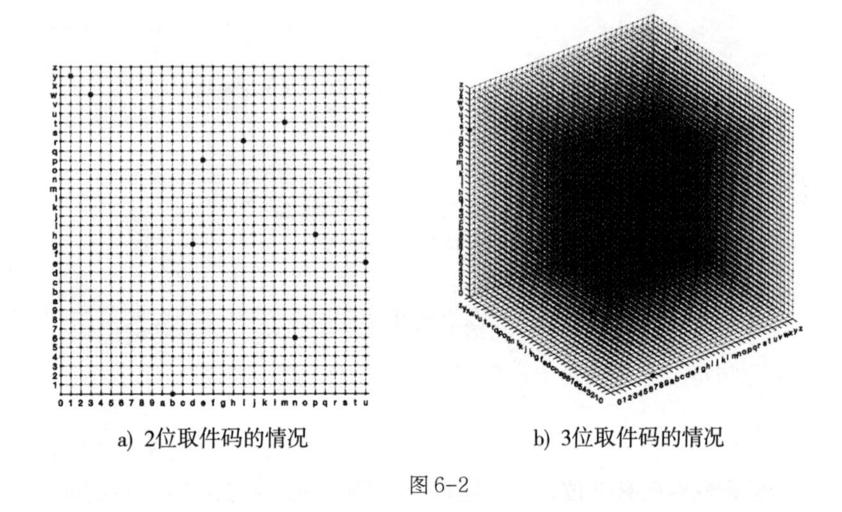

a) 2位取件码的情况　　b) 3位取件码的情况

图 6-2

我们可以想象，因为真实的取件码有 6 位，所以每个取件码都是六维空间中的一个点，能够打开提取柜的取件码的点，会分布得十分稀疏。猜取件码就好像大海捞针，几乎不可能靠运气做到。因此，**稀疏性才是取件码具有安全性的关键**。

6.2 稀疏的时间信号和图像

数学领域对“稀疏性”有明确的定义，如果一个时间信号是稀疏的，那么这个时间信号大部分位置的值都是零。图 6-3a 显示了这样一个稀疏的时间信号。

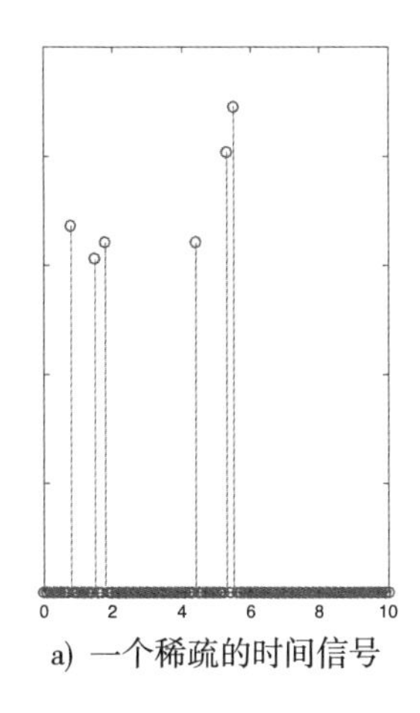

a) 一个稀疏的时间信号

b) 一个稀疏的图像

图 6-3

如果一个图像是稀疏的，那么这个图像的大部分像素值都是零（对应的颜色是黑色），图 6-3b 显示了一个稀疏的图像[①]。

如果我说，“现实中大部分时间信号和图像都是稀疏的”，你会同意我的说法吗？肯定会有人反驳：“你说得不对，我们看到的绝大部分时间信号和图像并不像上图这样。”

我们来看一个现实中的时间信号。现在智能手环普及度很高，它可以测量人们的运动情况，如图 6-4a 所示。智能手环用加速度传感器来收集人运动时手臂的加速度的原始信号，再处理信号并得到相应信息，包括走的步数、跑步的距离等。如果我们把加速度的原始信号显示出来，那么其应该类似于图 6-4b。

① 图中小女孩为作者女儿。——编者注

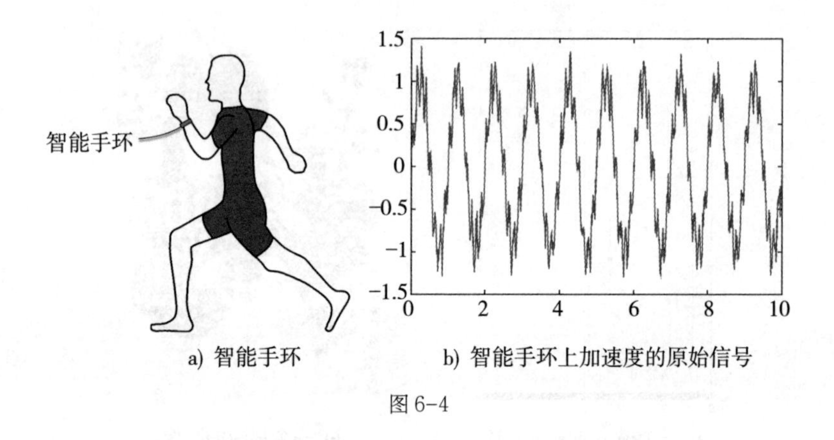

a) 智能手环 b) 智能手环上加速度的原始信号

图 6-4

这个加速度的原始信号看起来和图 6-3a 完全不同，也并不稀疏。

然而，我要告诉你的是，虽然这个加速度的原始信号看起来并不稀疏，但如果用另外一种方式来表达，它就是稀疏的。这里我们需要用到傅里叶级数这一概念。

法国数学家、物理学家傅里叶在 1807 年提交了一篇论文，文中阐明了一个结论：任何一个连续的周期信号，都可以通过一组不同频率的正弦波叠加得出。这里的频率可以理解成变化的快慢，一条曲线变化得越快，频率越高。

从图 6-5 中可以更清楚地观察出这一点：等式左边这个信号可以写成等式右边一系列不同频率的正弦波的叠加。注意，每个正弦波前面都有一个系数（即图中的 a_1，a_2，…）。傅里叶级数的公式告诉我们如何计算每个正弦波前面的系数。

有人会问，把一个信号变成多个不同频率的正弦波的叠加，对我们有什么好处？因为这些正弦波是事先给定的，所以对于任意一个信号，我们只需要知道这些正弦波前面的系数 a_1，a_2，就可以完全重现这个信号。简单地说，**这些系数就是这个信号的另外一种表示。**信号处理时，通常把系数 a_1，a_2，…叫作信号的"频域表示"。

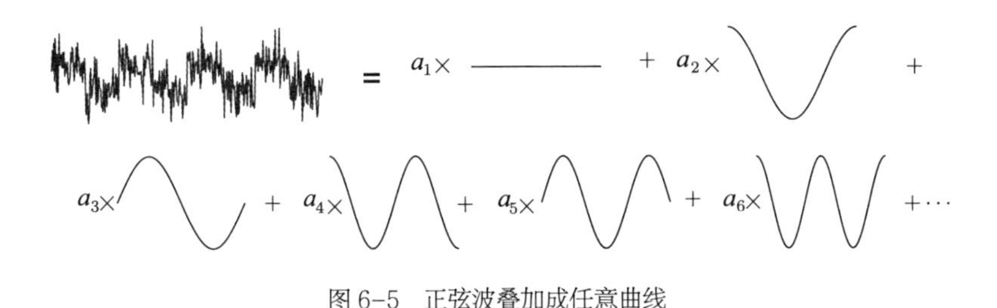

图 6-5　正弦波叠加成任意曲线

更加奇妙的是，实际生活中的大部分信号，比如智能手环记录的加速度的原始信号，虽然原始形式并不稀疏，但是如果用正弦波来表示，这些正弦波前面的系数大部分为零。也就是说，**该信号的频域表示是稀疏的。**

我们以智能手环的信号为例，用傅里叶级数公式计算出各个正弦波前面的系数，就可以把左边的这个原始信号表示为不同频率的正弦波的叠加。从左到右，正弦波的频率逐渐升高（见图 6-6）。

我们可以看出，在用来表示原始信号的所有正弦波中，只有少数几个正弦波的频率显得高一点，其他正弦波的频率都非常低。这意味着除了少数正弦波，大部分的正弦波前面的系数几乎等于零。也就是说，这个时间信号的频域表示是稀疏的。

除时间信号之外，我们日常生活中的图像（见图 6-7）其实也是稀疏的。其原理和智能手环很类似，虽然图 6-8 中的原始图像并不稀疏，但是我们可以借助一个在数学上被称为奇异值分解的数学工具，将这个图像拆解成为一系列非常简单的图像的叠加。等式右边的这些图像非常简单，如果仔细看一下，就可以发现这些简单图像都由横条和竖杠组成，但是不同的简单图像中，横条和竖杠的位置不同。我们可以说，**每一个简单图像，都对应了原始图像中的一种模式。**

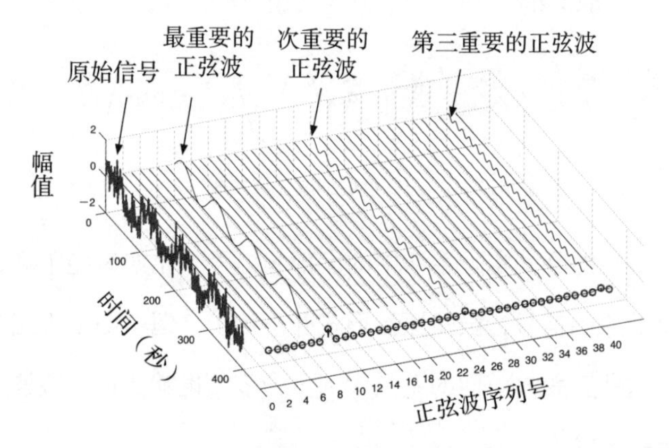

图 6-6　用不同频率的正弦波的叠加来表示原始信号

图 6-7　原图

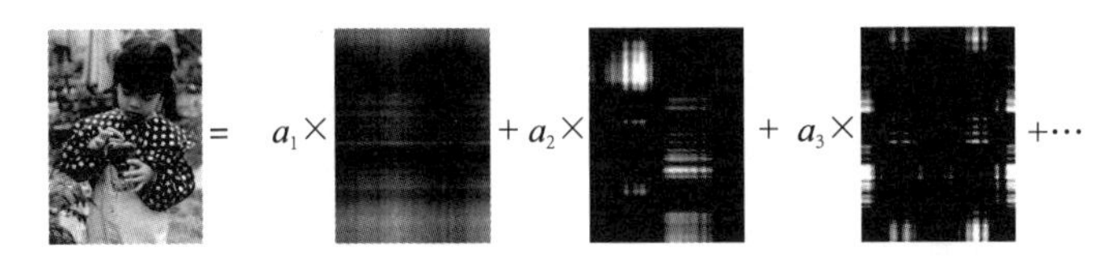

图 6-8　用多个简单图像的叠加来表示一个原始图像

更重要的是，简单图像前的系数 a_1，a_2，…是稀疏的。按照奇异值分解得到的系数 a_1，a，…严格以从大到小的顺序迅速下降：只有前几个图像的系数比较大，越靠后图像的系数越小，大部分图像的系数接近零。

这就意味着，虽然原始图像看起来很丰富，也不稀疏，但是我们可以只用少数的简单图像表示它。

可能有人会说，这样表示有什么好处呢？好处主要体现在数据压缩方面。简单图像所需要的存储空间比原始图像小得多。通过这种方法，我们只需要把少量比较大的系数对应的简单图像和对应的系数一起存起来，就可以恢复原始图像。这大大压缩了存储需要的空间。

我们可以验证一下。图 6-9a 是原始图像，图 6-9b 是将前 100 个简单图像相加得到的图像。我们可以看出，二者几乎一样。而在这个例子中，存储 100 个简单图像以及对应系数所需要的空间，只是原始图像的 1/10。

a) 原始图像

b) 将前100个简单图像相加得到的图像

图 6-9

原始图像看起来很丰富、不稀疏，但是借助数学工具我们可以发现，这些图像包含的模式是稀疏的。比如在上面的这幅图像中，100 个简单图像几乎就可以很好地表示原图，这一点对于实际生活中的绝大部分图像都成立。

6.3 涌现

黄昏时，在世界上很多地方都可以看到这样令人震惊的景象：成千上万的鸟聚集在一起飞翔，形成了一个巨大的“个体”，它们时而形成一条长带，时而聚拢成盘状，时而形成各种依稀可辨的造型，展现了自然界最令人兴奋的一幕（见图 6-10a）。

这种现象在鱼群中也经常会出现。规模庞大的石鲈鱼、沙丁鱼组成的“鱼群龙卷风”看起来像一个巨大的漩涡（见图 6-10b）。

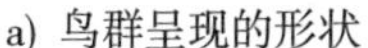

a) 鸟群呈现的形状　　b) 鱼群龙卷风

图 6-10

鸟群和鱼群的这种复杂的群体行为很早就引起了人们的注意。在 19 世纪 30 年代，英国鸟类学家埃德蒙德 · 塞卢斯（Edmund Selous）用了“通灵”（thoughts-transference）一词来解释这一行为。他认为鸟群中存在一个“幽灵”，这个幽灵控制着鸟群中的每一只鸟，控制它们如何运动以整体展现各种神奇的图像。当然我们都知道，幽灵并不存在。但是关键问题在于，**鸟的智商真的到了能让它们进行复杂的协作，从而呈现出这些壮观景象的程度了吗？**

对于上述动物群体行为研究的突破，在 1986 年由计算机科学家克雷格 · 雷诺兹（Craig Reynolds）完成，他进行研究的初衷是让计算机更有效率地绘制鸟群的飞行图像。在他之前，程序员编写鸟群的运动程序时会在程序中规定好每只鸟的运动轨迹，程序员其实是鸟群的中心指挥者，也就是塞卢斯提到的“幽灵”。而雷诺兹发现，有一种“自组织”的算法可以很简单地重现鸟类的群体活动。

按照这种算法，鸟群中的每只鸟只要遵守如下三条规则飞行，就可以让鸟群整体展现出复杂的活动：

（1）避免与自身附近的其他成员碰撞；

（2）与附近其他成员的飞行方向大体保持一致；

（3）靠近其他鸟，不要落单。

这三条规则很简单，也不需要每只鸟都有很高的智能水平才能完成。飞行时，鸟群中的每只鸟只需获悉它周围局部的信息，根据这些信息与这三条规则采取相应的行动，整个鸟群就可以呈现出各种复杂的群体行为。

不仅鸟群是这样，鱼群在海水中的绕圈运动也是如此，其在受到袭击时会像喷泉一样从中间散开，然后再合并，这些都可以在屏幕上根据模型中的参数变化逼真地展现。这种个体间的简单规则导致整体出现“高级”活动的现象在学术界中被称为**“涌现”**（emergence）。

除了鸟群和鱼群，另一个体现涌现的例子是蚁群。单只蚂蚁那么小，其“脑容量”让其根本无法储存复杂的智慧，只能完成特别简单的动作。它没有什么智能，做的事都很简单，几乎全是本能的反应。可是整个蚁群的行为，却无比精巧和复杂！蚁群能修筑庞大的城堡，有明确的分工，能采集食物和战斗，甚至还有畜牧业。科学家们推测，每只蚂蚁都内嵌了一些简单的规则，这些规则让很多的蚂蚁在集中起来后可以做出一些极其精巧复杂、充满智能的事情。

我们可以看出，在“涌现”中，貌似复杂的现象依据的是个体背后几条简单的规则，这也是稀疏。

6.4 总结

本章我们从自提柜说起，谈到了现实生活中的稀疏。之所以不能通过乱猜的方式打开自提柜，是因为自提柜的取件码是稀疏的。现实生活中的时间信号和图像看似不稀疏，但是转换为其他表示方法后会发现，其通常也是稀疏的。此外，“涌现”告诉我们，很多貌似复杂的现象背后有几条简单的规则，这也是稀疏。

稀疏在我们身边无处不在。很多看起来复杂的现象背后所包含的规律，是稀疏而简单的。

第 7 章

看似相关，实则独立：条件独立带来的启发

先来讲一个很有趣的故事。

7.1 汽车和冰激凌

通用汽车有一个品牌叫庞蒂亚克，相关部门曾经收到某个顾客的邮件投诉，顾客的这封信如下。

这是我第二次写信给你，我不怪你不回复我，因为我知道这听起来很疯狂，但它是一个事实。我家有个传统：晚饭后去吃冰激凌，每天晚上我们都开车去买不同口味的冰激凌。我保证我说的都是真实的，我最近购买了一辆庞蒂亚克，但是去买冰激凌时我发现了一个问题：每当我买香草冰激凌，汽车都不启动，但如果我买其他口味的冰激凌，汽车就会很好地启动。我非常严肃地看待这事，不管你觉得我有多愚蠢，我都想知道，为什么庞蒂亚克每次遇到香草冰激凌都无法启动？

汽车公司的经理虽然很怀疑事情的真实性，但还是派了一位工

程师调查这个问题。工程师和车主见了面，约定一起去买香草冰激凌，他们到了商店，买完冰激凌，发现车真的不启动了。

工程师尽量还原场景，并连着三天晚上开车去买冰激凌。

第一晚，买巧克力味的，车启动了。

第二晚，买草莓味的，车启动了。

第三晚，买香草味的，车不启动。

这到底是怎么回事?

这位工程师非常细心，在这几次和顾客一起买冰激凌的过程中，他详细地记录了过程中的每一个细节，并分析了这些细节，希望找出买香草冰激凌的过程和买其他口味冰激凌的过程中所有的不同之处。

真相果然隐藏在细节里，工程师发现，**买香草冰激凌所用的时间远比买其他口味的要短。**

香草冰激凌卖得最好，它被放在商店离门口很近的地方，不需要找，直接拿起来付账即可。而其他口味的冰激凌被放在商店较靠后的位置，多种口味混合放在一起，要走到相应位置还要翻找想要的口味，所花时间明显比买香草冰激凌更长。

购买时间又和车的启动有什么关系？工程师对这个顾客的汽车进行检查，发现了“气阻”的问题。气阻通常在发动机较热时出现，如果汽车的供油系统中出现气阻，引擎吸燃料时燃料的供应会变得断断续续，汽车会因此无法启动或者在行进时熄火。

这位顾客购买的庞蒂亚克汽车就有气阻的问题。购买其他口味冰激凌花费的时间足以让引擎冷却从而让车顺利启动，而当顾客购买香草冰激凌时，时间短，引擎太热，气阻无法及时消失，汽车因此无法启动。

工程师解决了顾客汽车的气阻问题，这位顾客以后在购买任何口味的冰激凌时，再也没有出现车无法启动的情况。

7.2 条件独立

大部分人看完上文中的故事的收获是：有时候问题看起来无解，但在冷静思考后会发现它的确可以被解释。不过，在本书中我想更深入地分析上文的故事。故事中包含了一个数学概念——**条件独立**。

条件独立和**条件概率**有关。我先介绍什么是条件概率。条件概率通常写成 $P(A|C)$ 的形式，即在事件 C 发生的情况下，事件 A 发生的概率。

例如，下雨天通常选择打车上班。在这个例子里，C 就是“下雨天”，A 就是“打车”，而 $P(A|C)$ 就是一个接近 1 的概率值（下雨天通常会打车）。如果去掉这个条件，$P(A)$ 就是通常情况下你打车的概率（可以通过统计一年有多少次打车去上班得出）。明显可以看出，$P(A|C)$ 和 $P(A)$ 是不同的。

知道了什么是条件概率，我们就可以给出条件独立的定义。在数学上，如果事件 A 和事件 B 关于事件 C 条件独立，那么有：

$$P(B|A, C) = P(B|C) \tag{7.1}$$

$$P(A|B, C) = P(A|C) \tag{7.2}$$

$P(B|A, C)$ 是在事件 A 和事件 C 同时发生的情况下事件 B 发生的概率，$P(B|C)$ 是在事件 C 发生的前提下事件 B 发生的概率。这个公式告诉我们，在条件独立的情况下，这两个概率是相同的。

为了更清楚地解释这两个概率相同的含义，我们假设有两个人，他们都知道事件 C 发生了，但是第二个人除了知道事件 C 发生了，还知道事件 A 发生了。**现在这两个人要根据自己掌握的信息，推断出事件 B 发生的概率。**

用数学公式来表达，第一个人要得到 $P(B|C)$，而第二个人要得到 $P(B|A, C)$。

通常来讲，第二个人知道的信息更多，其推断出来的事件 A 发生的概率也会和第一个人不同。但是在条件独立的前提下，$P(B|A, C) = P(B|C)$，这两个人得出的结论完全一样。

也就是说，如果事件 A 和事件 B 关于事件 C 条件独立，**那么在知道事件 C 发生的前提下，知道事件 A 发生并不能帮助我们更好地推断事件 B 发生的概率。**

同样有：

$$P(A|B, C)=P(A|C)$$

这个公式告诉我们，如果事件 A 和事件 B 关于事件 C 条件独立，那么在知道事件 C 发生的前提下，知道事件 B 发生并不能帮助我们

更好地推断事件 A 发生的概率。

总结一下，如果事件 A 和事件 B 关于事件 C 条件独立，**那么在知道事件 C 发生的前提下，知道事件 A 或事件 B 中的一个是否发生，并不能帮助我们更好地推断出另外一个事件发生的概率。**

这就是条件独立的核心思想。

7.3 条件独立案例

我们以上文为例，其中事件 A 是“购买香草冰激凌”，事件 B 是“车启动不了”，事件 C 是“购买时间短”。

“车启动不了”的内在原因是“购买时间短”，而不是“购买香草冰激凌”。如果我们知道这个顾客某一次“购买时间短”，那么不管他这次是否购买香草冰激凌，我们都可以推断出这一次“车启动不了”的概率极高。

也就是说，在“购买时间短”这个事件发生的前提下，知道“购买香草冰激凌”并不能帮助我们更好地推断“车启动不了”的概率。“车启动不了”和“购买香草冰激凌”关于“购买时间短”条件独立。我们用图 7-1 来表示这个例子，事件 A 是“购买香草冰激凌”，事件 B 是“车启动不了”，事件 C 是“购买时间短”。因为事件 A 很可能导致事件 C 发生，事件 C 很可能导致事件 B 发生，因此 A、B、C 的关系如图 7-1 所示。

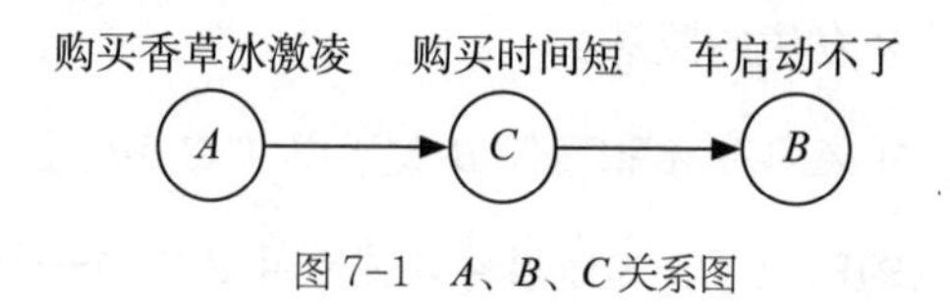

图 7-1 A、B、C 关系图

从统计意义上来说，事件 A（“购买香草冰激凌”）和事件 B（“车启动不了”）看似有关系（每次购买香草冰激凌时车都启动不了），但是中间隔了一个事件 C（“购买时间短”）。在这种结构下，事件 A 和事件 B 在事件 C 发生的情况下条件独立。

两个事件看似相关，实则关于另外一个事件条件独立的情况非常普遍。如果意识不到这一点，**就很容易犯把“相关性”当成“因果性”的错误**。我们来举几个例子。

7.4 穿夹克和车祸发生率

一项调查发现，每当伦敦的出租车驾驶员穿夹克，发生车祸的概率都会大大增加。

很多人猜想是穿夹克导致驾驶员的操作不便，从而增加了事故发生率。这项调查几乎促成了英国通过立法禁止出租车驾驶员穿夹克。

经过仔细研究才发现，天气才是背后的根源：下雨时，驾驶员经常穿夹克；下雨时，发生车祸的概率大。

也就是说，我们知道了“下雨天”，自然就可以推断出“发生车祸”的概率比较高，并且“驾驶员穿夹克”实际上并不能帮助我们更好地推测“发生车祸”的概率。因此，“穿夹克”和“发生车祸”这两个事件关于“下雨天”条件独立。

这个例子中，事件 A 是“穿夹克”，事件 B 是“发生车祸”，事件 C 是事件背后共同的原因：“下雨天”，三者的关系如图 7-2 所示。

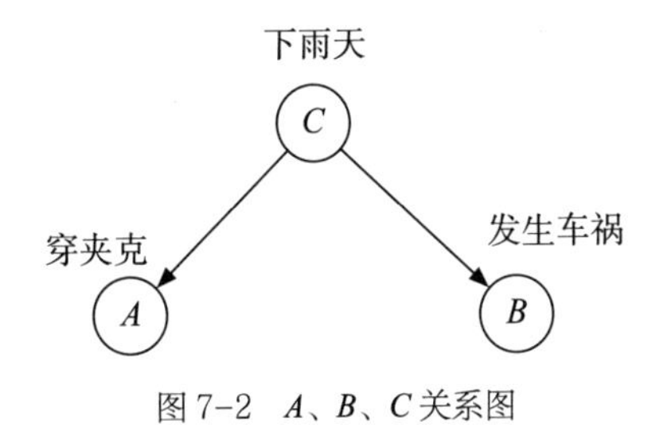

图 7-2 A、B、C 关系图

“穿夹克”和“发生车祸”具有统计意义上的相关性，但这两个事件之间没有因果关系，它们关于“下雨天”这一事件条件独立。

7.5 “春风吹又生”的逻辑问题

有很多关于春天的古诗，例如“野火烧不尽，春风吹又生”，还有“不知细叶谁裁出，二月春风似剪刀”，以及“春风又绿江南岸，明月何时照我还”。在这些诗句中，“春风”有着文字上的美感。

然而，如果我们用数学仔细剖析一下，就可以发现“春风”这个事件和“草木青青”这个事件虽然具有统计意义上的相关性，但是二者间本质上没有因果性：它们关于另外一个事件“气温升高”条件独立。

具体来说，“气温升高”会导致刮风。因为在春天，整个北半球开始升温，亚欧大陆因为呈砂石土壤结构，升温较快；而太平洋由水构成，升温较慢。升温较快的地区贴近地面的空气被加热，热空气因密度小而上升，形成低压。而在升温较慢的太平洋地区，情况恰好相反，贴近水面的空气的温度低于附近其他区域空气的温度，冷空气因密度大而下沉，形成高压。高压区的空气一定会向低压区流动，于是太平洋的暖湿气流向亚欧大陆移动，这时风就产生了。

此外，“气温升高”会导致植物芽中的一种名为“脱落酸”（脱落酸会抑制植物生长）的物质的浓度降低。因此，春天到来后，植物体内生长调节剂的含量增加，一些能让植物打破休眠状态、让植物萌发的酶开始合成，植物开始萌发生长，也就形成了“草木青青”。

我们可以看出，“气温升高”形成了“春风”，同时也形成了“草木青青”。从现象上来看，“春风”和“草木青青”具有统计意义上的相关性，但这两个事件之间没有因果关系，它们关于“气温升高”这一事件条件独立，三者的关系如图 7-3 所示。

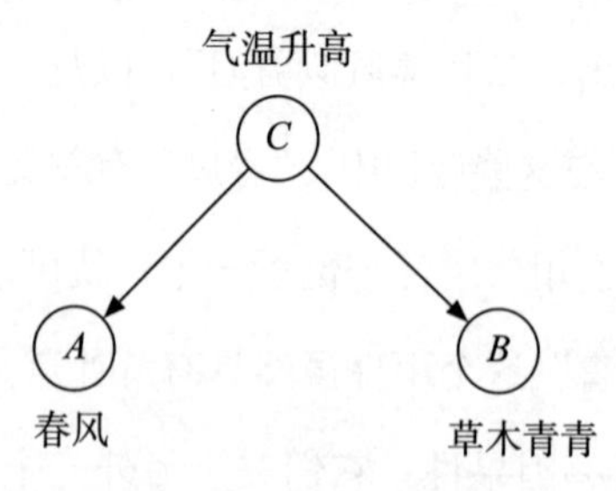

图 7-3　*A*、*B*、*C* 关系图

7.6 火警

如果有一天你家里没人，并且电器发生自燃、引发了火灾，你的左右邻居看到后，都有一定概率会拨打报警电话，但是他们之间不会询问对方是否打过报警电话。

从统计意义上来说，这两个邻居打火警电话的概率是相关的：如果其中一个人打了电话，那么另一个人也打电话的概率就很高。但“房屋着火”才是这两个邻居打电话的真正原因。

这个例子中有三个事件：事件 A“邻居 A 报警”，事件 B“邻居 B 报警”和事件 C“房屋着火”。在这三个事件中，如果我们知道了“房屋着火”，那么我们立刻可以推断“邻居 A 报警”的概率很高。知道“邻居 B 报警”，并不能帮助我们推断出“邻居 A 报警”的概率。

也就是说，“邻居 A 报警”和“邻居 B 报警”关于“房屋着火”条件独立。这个例子中，“房屋着火”是“邻居 A 报警”和“邻居 B 报警”的原因，因此 A、B、C 的关系如图 7-4 所示。

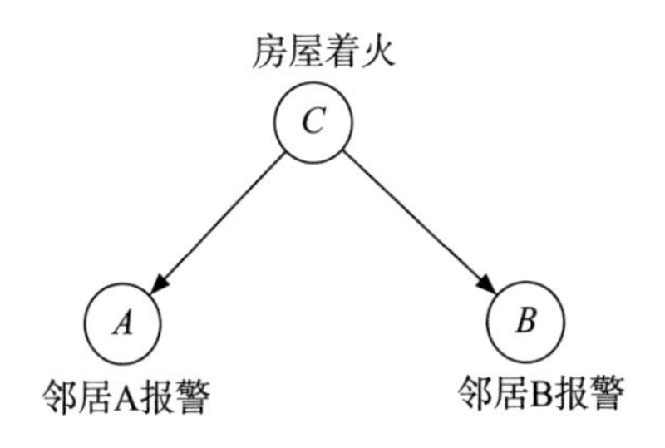

图 7-4　A、B、C 关系图

7.7 情绪 ABC 理论

一件事情发生后，大家都喜欢找原因，并根据原因找解决方法。例如，一个小学生学习不够努力、成绩不好，他的父母自然感到很生气。很明显，学习不够努力、成绩不好，就是父母生气的直接原因。一个原因导致一个结果，这就是单点思维。

可是，仔细分析后会发现，上文的推理过程并不完全正确。例如，为什么很多家长拿到孩子并不理想的成绩单后，并不那么郁闷？可能学习不好并不会直接让家长郁闷，让家长郁闷的推理链的中间还有一环，那就是家长的认知。

如果在家长的认知中，成绩并不是最重要的，成绩背后反映的问题才是关键，那么不管孩子的成绩是好是坏，家长都不会生气，而会冷静地和孩子分析成绩体现的问题。

换句话说，如果家长的认知更全面，那么不管孩子的成绩如何，家长的反应都会是正面的。也就是说，在已知"家长的认知更全面"的前提下，知道"孩子的成绩"，并不能帮助我们更好地推测"家长的反应"。"孩子的成绩"和"家长的反应"关于"家长的认知"条件独立。

心理学上有一个类似的理论，就是情绪 ABC 理论。这是美国心理学家阿尔伯特·艾利斯（Albert Ellis）提出的一种情绪调节法。这里的 A 代表激发事件（Activating event），B 代表信念（Belief），C 代表结果（Consequence）。

情绪 ABC 理论告诉我们，激发事件 A 是引发情绪和结果 C 的间接原因，而引起结果 C 的直接原因则是个体基于对激发事件 A 的认知和评价所产生的信念 B。

比如，同样是失恋了，有的人会开解自己，认为这未必不是一件好事；有的人却伤心欲绝，认为自己今生可能都不会去爱了。再比如，在找工作时面试失败后，有的人可能会认为这次面试只是一次尝试，不成功也没关系，下次再来；有的人则可能会想，自己精心准备了那么久，竟然没通过，是不是太笨了，别人会怎么评价自己。即使激发事件 A 一样，但这两类人的信念 B 不同，因此他们的情绪体验结果 C 也不同。

情绪 ABC 理论里，A 引起了 B，B 引起了 C。在这种关系中，只要知道了 B，我们就可以比较准确地知道 C。知道 A 到底是什么，并不能帮助我们很好地判断 C 的发生概率。从数学上来说，A 和 C 关于 B 条件独立（见图 7-5）。

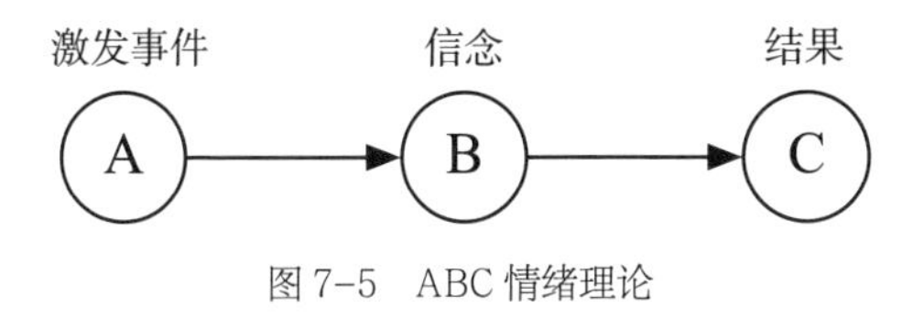

图 7-5　ABC 情绪理论

古罗马斯多葛学派哲学家爱比克泰德（Epictetus）曾说：“人并不是被事物本身影响，而是被他们自己对事物的看法左右。”

叔本华也说过类似的话：“事物对于我们而言所具有的意义，让我们感到幸福或者不幸，这不取决于它们本来的面貌，而是取决于我们如何看待它们。”

7.8 总结

本章我们从一个购买了庞蒂亚克汽车的顾客买冰激凌时发生的奇怪现象说起，谈到了数学中的“条件独立”这一概念。

很多情况下，两个事件看似相关，实则关于另外一个事件条件独立。如果我们不挖掘背后的“另外一个事件”，就很容易犯把“相关性”当成“因果性”的错误。

第 8 章

空气净化器与卡尔曼滤波器

某微博用户发布了一条关于某品牌空气净化器的微博。内容大致如下：一个用户在使用该品牌空气净化器前，没有按照说明书的要求把净化器的塑料滤芯膜拆开，很明显，没拆滤芯膜的空气净化器完全不能起到净化空气的作用。但是该用户发现，打开净化器运行一段时间后，净化器上的显示灯就从代表严重污染的红色变成了代表空气质量良好的绿色。

紧接着，其他较权威媒体的测评也证明了这一点：在不拆除滤芯膜的情况下，该品牌净化器在打开后会显示空气中污染物的浓度随着净化器的运行不断下降。

网上随即出现了很多帖子，都在说该品牌空气净化器检测到的 PM2.5 数据与实际情况有较大出入。一时间，许多人纷纷对该品牌造假表示愤慨，对该品牌空气净化器的净化效果产生了很大的怀疑。

生产该品牌空气净化器的公司回应称，不拆除滤芯膜使用时，传感器检查到的空气质量也会由于颗粒物沉淀和局部空气流动而发生变化，但该回应在不久后又被删除。该品牌的一位负责人向记者解释道，删除微博是因为其中一些内容过于侧重技术，读者难以理解。但他同时也强调，该品牌的空气净化器不存在质量问题。

后来事情出现了一些反转：很多网友和一些权威机构都用先进的 PM2.5 检测仪器对该品牌空气净化器的净化效果做了测评。测评结果显示，拆了滤芯膜后，该品牌空气净化器的确可以有效净化空气质量，而且净化效果相当不错。

好了，所有事实摆在这里，大家怎么看呢？

基于以上事实可以得出一个比较客观的结论：**该品牌空气净化器在净化方面有效，但在显示效果方面存在问题。**

能在网上找到的绝大部分相关文章的结论基本和上述观点一致，但是继续深究的文章很少。接下来，我们来深挖一下，探究该品牌空气净化器为什么会出现上文中的现象。事件核心只有一个：该品牌空气净化器显示的空气质量是如何计算出来的。

8.1 如何计算空气质量

通常人们对这个问题的理解很简单：该品牌空气净化器上肯定带有检测空气质量的传感器，传感器测出多少就显示多少。对这个理解我们暂且不做评判，先来看一下如何测定 PM2.5 的浓度。

空气中飘浮着大小不同的各种颗粒物，PM2.5 在其中属于较细小的。要想测定 PM2.5 的浓度，需要两步操作：第一步，把 PM2.5 与较大的颗粒物分离；第二步，测定分离出来的 PM2.5 的重量。目前，各国环保部门广泛采用的 PM2.5 测定方法有三种：重量法、β 射线吸收法和微量振荡天平法。这三种方法的检测结果都比较准确，因此都被纳入检测标准，然而它们都有一个问题：检测所需设备都太贵了。

空气净化器和绝大部分手持的小型 PM2.5 检测仪器都会使用另一种未被纳入检测标准的方法：光散射法。该测定方法的原理是：空气中的颗粒物浓度越高，其对光的散射情况就越好。当直接测定空间内光的散射情况时，理论上就可以算出颗粒物的浓度。

这个方法简单又便宜，但和被纳入检测标准的三种方法相比精度不足。光的散射情况与颗粒物浓度之间的关系会受到颗粒物的化学组成、形状、比重等因素的干扰而产生误差。有研究者做过理论计算，利用光散射仪测定 PM2.5，会有 30%~40% 的误差。

经过上述分析，我们似乎找到了该品牌空气净化器显示不准的原因，该品牌的空气净化器采用的是光散射法，这种方法的检测结果不太准确，因此会导致该品牌空气净化器所显示的空气质量和实际不符。

可是这个结论似乎无法解释在不拆除滤芯膜的情况下，该品牌空气净化器打开后，为什么显示灯显示空气中污染物的浓度随着净化器运行时间的增加不断下降。这样的现象不能用检测仪器不准来解释，没拆开滤芯膜，净化器没工作，空气质量应该是稳定的。因为该品牌的传感器有误差，所以测到的 PM2.5 数值应该如图 8-1a 所示在某个值周围跳动，而不是如图 8-1b 所示随运行时间增加不断下降。

这说明还有一股“神奇”的力量在该品牌净化器全力工作时，让其显示的 PM2.5 数值下降了。

这就是**算法**。

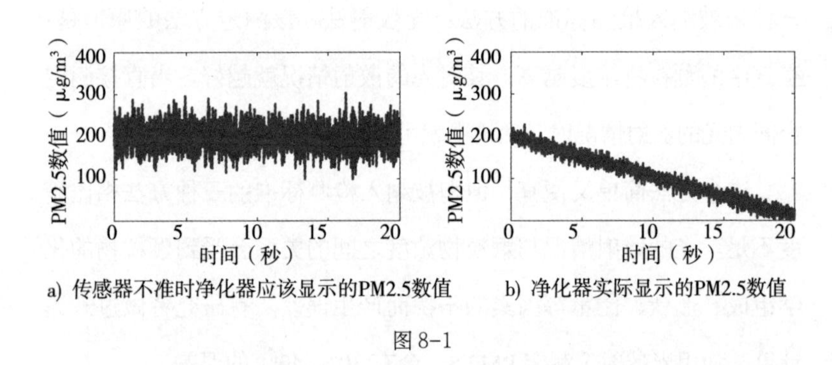

a) 传感器不准时净化器应该显示的PM2.5数值　　b) 净化器实际显示的PM2.5数值

图 8-1

尽管不清楚该品牌空气净化器用于显示数值的算法，但是根据上述信息，我几乎可以 99% 地肯定，空气净化器显示的空气质量不仅取决于传感器实时检测到的空气质量情况，还取决于该空气净化器的工作时长、风力强度大小等因素。简单地说，**最后显示的空气质量，是结合传感器的检测情况和空气净化器的工作状态得出的**。

具体来说，当该品牌空气净化器被开启后，算法一方面会实时收集传感器测到的空气质量，另一方面会结合设定的工作时长和风力强度大小来修正传感器当前的值。工作时间越长，强度越大，算法就会把当前传感器检测的 PM2.5 数值下调越多。这就是一个没有拆开滤芯膜的净化器被打开后显示的 PM2.5 数值会随着时间增加不断下降的真正原因。

很多人肯定会说该品牌的这个算法是在欺骗消费者。但如果仔细思考就会知道，在正常情况下（拆开滤芯膜）使用算法后得到的数据可能比单纯根据传感器得到的数据更接近真实情况。该品牌空气净化器的传感器的误差很大（30%~40% 的误差），而综合各种因素并结合算法，我们也可以**推测**空气质量。一个是当前传感器的检测结果，一个是根据规律推测的结果，如果我们把这两种信息融合到一起，最后估计出的数据精度通常会比单纯依赖传感器得出的更高。

有效综合当前的检测结果和根据规律推测出来的结果，就是**卡尔曼滤波器**的核心思想。

8.2 卡尔曼滤波器

如果一个人在机器人、控制论或航空航天工程学等方面有一定研究，那么他一定听说过卡尔曼滤波算法。卡尔曼滤波器是以其发明者鲁道夫·卡尔曼的名字命名的，已广泛用于飞船、导弹、飞机等方面的导航和定位。最著名的一个应用例子，就是阿波罗 11 号飞船的导航系统中采用卡尔曼滤波器来估计飞船的位置。当时，计算机从陀螺仪、加速度计和雷达等传感器中获取原始测量数据，数据中充满随机错误和难以处理的误差等固有噪声。当阿波罗 11 号飞船高速飞向月球的表面时，这些错误可能是致命的。

卡尔曼滤波算法从这些充满噪声的测量数据中，精确估算了阿波罗 11 号飞船的位置、速度等关键变量。当阿姆斯特朗通过软件程序控制阿波罗 11 号飞船落在月球表面时，卡尔曼滤波器发挥了重要作用。在当年的录音带中，你甚至能听到当阿姆斯特朗登月时，巴兹·奥尔德林（Buzz Aldrin，在阿姆斯特朗之后踏上月球、和他共同操控阿波罗 11 号飞船的宇航员）用卡尔曼滤波器进行位置估算的声音。

我们举一个例子来说明卡尔曼滤波器的原理。如果我们在一个沙漠里开车，怎么知道自己的位置呢？大家首先想到的就是 GPS。GPS 通过测量多颗卫星和车的距离，实时提供车的位置。但是民用 GPS 的原始信息中有较大的噪声，仅用 GPS 来定位甚至会产生几十米的误差。

还有没有别的信息能帮助我们定位？有的。还有来自车辆运动的信息。例如，每辆车上都安装了速度传感器、加速度传感器，可以以此知道车的速度、加速度的大小和方向，这些信息可以提升定位的精度。假如我们知道车在上一时刻的位置，那么当前的位置除了可以用 GPS 直接测量，还可以根据车的速度和加速度来推测。卡尔曼滤波器告诉我们一个理论方面最优的方法，即将这两类信息融合起来，并且其从理论上证明融合后的定位比单独用 GPS 估计的定位更准确。

卡尔曼滤波器旨在得到对某个量的估计，这个量在卡尔曼滤波器里被称为状态。为了得到对状态的估计，卡尔曼滤波器利用了两个信息：一是状态自身变化规律，二是观测。其中包含两个方程，一是状态方程，二是观测方程。状态方程描述了状态的变化规律，而观测方程描述了状态和观测之间的关系。卡尔曼滤波器在每一时刻的状态估计，都结合了这两个信息：通过状态方程，卡尔曼滤波器可以估计出当前的状态；通过观测方程，卡尔曼滤波器也可以推测出当前的状态。卡尔曼滤波器把它得到的这两个信息结合起来，就会得到对最终状态的估计。

有人问，如何结合这两个信息？非常简单——根据信息的准确度。如果描述状态自身变化规律的状态方程很准确，那么我们就更有理由相信状态方程得出的估计，这时可以把该估计的权重增大，而把通过观测得到的估计的权重缩小。如果我们认为观测很准确，那么我们就把观测方程得出的估计的权重增大。这就是卡尔曼滤波器的核心思想。

有人会问，卡尔曼滤波器不就是一个估计某个量的算法吗？为什么被称为滤波器呢？滤波器是信号处理领域的概念。通常，一个信号中的噪声在经过滤波器后会被滤除，滤波器会输出一个干净的信号。图 8-2 显示了一个滤波器的效果。

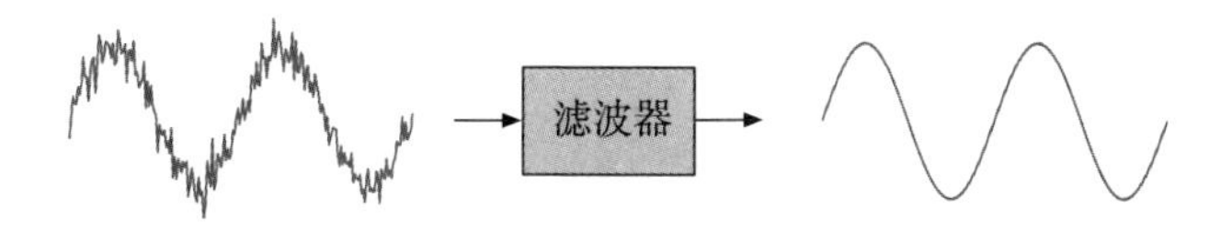

图 8-2　滤波器的效果

卡尔曼滤波器之所以被称为滤波器，是因为从结果上来看，它也可以去除噪声。因为卡尔曼滤波器结合了状态自身变化规律，而状态自身变化规律通常都是平滑的。

在车辆定位中，位置传感器（例如 GPS）中的噪声较大，如果单独依靠位置传感器，我们得到的车辆轨迹很可能是一个有很大噪声的轨迹。而根据车辆的速度、加速度推测出来的车辆轨迹则相对平滑。融合了这两种信息以后得出的车辆轨迹，比单独用位置传感器得出的轨迹更平滑，这就是卡尔曼滤波器被称为“滤波器”的原因。

卡尔曼滤波器的核心思想就是利用当前通过传感器得到的观测信息和状态自身变化规律的信息进行综合推断，这种思想在生活中随处可见。月嫂或者有育儿经验的妈妈，往往可以准确判断出一个还不会说话的婴儿是否饿了，这背后也有卡尔曼滤波器的思想。

要想准确判断婴儿是否饿了，通常需要结合两种信息。

第一种信息是对当前情况的观测，通过婴儿当前的表情、是否哭闹，以及哭闹的方式和程度来判断其是否饿了。例如他哭得很厉害，那么很有可能是饿了。这利用了**观测方程**。

第二种信息是根据孩子上次喝奶的时间，以及孩子饥饿程度的变化规律进行推断。一般而言，孩子刚喝过奶时是饱的，但是随着时间的推移，其饥饿的程度会慢慢加深，直到下一次喝完奶再次变饱。这利用了**状态方程**。

把这两种信息结合起来，通常就可以做出更准确的判断。例如，虽然一个婴儿的哭声听起来很像是饿了，但是如果他刚喝完奶，那么他当前是饿了的概率就比较低。

在一个嘈杂的菜市场里，即使不能完全听清楚对方在说什么，很多情况下我们仍然可以理解对方的意思。之所以能够做到这一点，也是因为我们利用了卡尔曼滤波器的思想。我们会利用两个方面的信息。一方面是传感器（耳朵）接收到的对方说的话中的信息。注意，菜市场环境很嘈杂，这意味着有很大的噪声，因此仅凭借接收到的信息很难还原对方说的话。例如，如果对方给你念一段顺序被打乱的话，你几乎很难再把这段话正确地复述出来。

而我们之所以能够理解对方的意思，是因为我们同时还利用了另一方面的信息：对方话语上下文中所包含的信息。当你听懂了前一个词或前一句话时，你就有可能根据上文“猜出”下一个词甚至下一句话的意思。例如，如果你清楚地听见对方问你：“这个菜……”虽然后面三个字没听清楚，但是你可以根据通常上下文会包含的信息，推断出后面三个字是“多少钱”的概率很大。

欣赏书法有时也是如此，有时行书、草书等如果单看某个字我们可能不清楚写了些什么，但是连起来看整句或整篇，往往就可以正确地理解内容。这就是人们结合两种信息进行判断的结果。某个字本身的样子即我们对当前的观测，而我们可以基于此结合上下文，即状态的变化规律，猜出这个字的语义。

8.3 总结

本章我们通过某品牌空气净化器的例子，介绍了卡尔曼滤波器的原理。卡尔曼滤波器结合了两个不同的信息：事物本身的变化规律和对当前的观测。卡尔曼滤波器将这两个信息进行有效结合来得到对最终状态的估计。这种结合不同信息的思想在实际生活中有很多应用，可以帮助我们做出更准确的判断。

$$\begin{cases} x_1 + x_2 = 200 \\ 2.05x_1 + 2x_2 = 405 \end{cases}$$

$$\mathrm{d}f(t) = \mathrm{d}t \cdot \alpha f(t)$$

$$f'(t) = \alpha f(t)$$

$$f'(t) \Rightarrow sF(s) - f(0)$$

$$\alpha f(t) \Rightarrow \alpha F(s)$$

$$\begin{cases} x_1 + x_2 = 200 \\ 2.05x_1 + 2x_2 = 406 \end{cases}$$

$$(B|A, C) = P(B|C)$$

$$\frac{\mathrm{d}f(t)}{\mathrm{d}t} = \alpha f(t)$$

$$y = a + bt + ct^2$$

$$\begin{cases} x_1 + x_2 = 200 \\ 2.04x_1 + 2x_2 = 405 \end{cases}$$

$$W = F\Delta x = \frac{1}{2}k(x_1 + x_2)(x_2 - x_1) = \frac{1}{2}k(x_2^2 - x_1^2)$$

$$x_1 = \sqrt{\frac{2W}{k}}$$

方法篇

$$P = I^2 R$$

解决难题的策略和技巧

$$\min_{m} \quad W_{总}$$

$$\text{s.t.} \quad x_n \geqslant L$$

$$\begin{cases} x_1 + x_2 = 35 \\ 2x_1 + 4x_2 = 96 \end{cases}$$

$$F = \frac{1}{2}kx_1$$

$$\begin{cases} x_1 + x_2 = 200 \\ 2.05x_1 + 2x_2 = 405 \end{cases}$$

$$1 - \left(1 - \frac{1000}{36^6}\right)^n = 0.1$$

$$E_{总} = \frac{1}{2}kL^2$$

$$P(A, B|C) = P(A|C) \cdot P(B|C)$$

$$y(t) = \int_{-\infty}^{\infty} f(\tau) g(t - \tau)\,\mathrm{d}\tau$$

$$J(k, b) = (k+b-10)^2 + (2k+b-11)^2 + (3k+b-15)^2 + (4k+b-19)^2 + (5k+b-20)^2 + (6k+b-25)^2$$

$$(1 - 0.9)^2 = 1\%$$

第 9 章

稳定与跃迁：负反馈与正反馈

9.1 跑步

有一次，我和一个同事一起跑步。我不经常锻炼，因此一直气喘吁吁地跟在他后面。跑步间隙，我问他能跑几圈，他说大概30圈。我吃惊地问他：“我跑 10 圈都这么累，你是怎么跑 30 圈的？”

他回道：“我去年这时候比现在重 20 公斤，刚开始跑步时，也是跑 8 圈就累得不行了，坚持了一段时间后，不仅体能提升了，而且体重下降了，这样就能坚持得越来越久了。”

大家是否注意到，**他的跑步经历是一个正向循环**：开始体重较重，体能不好，只能跑 8 圈；坚持了一段时间，体能提升了，体重下降了，可以跑得更远，从而更大程度地提升体能，更好地减重。这就是他现在能跑 30 圈的原因。

正向循环和控制系统中名为“反馈”的名词紧密相关。

9.2 控制系统中的反馈

反馈是控制系统中最基本的概念。为了讲清楚反馈，我们先谈谈控制系统。

图 9-1 就是一个简单的控制系统。通常，控制系统包括前端的“控制器”和后端的“控制对象”。控制器有一个“输入”，这个输入通常是事先的某个目标（或预期）。控制器会通过某些策略对“控制对象”进行控制，让后者的“输出”和事先的目标一致。

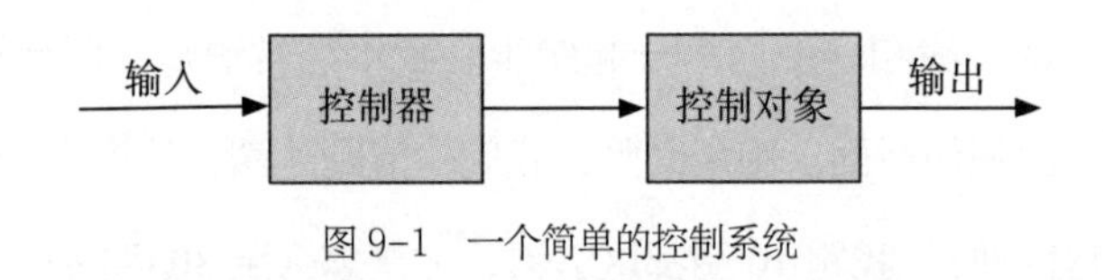

图 9–1　一个简单的控制系统

比如，你伸手去拿放在桌上的手机的过程，就是你的控制系统在发挥作用。在这一控制系统中，大脑是“控制器”，而手部（手臂和手指）是“控制对象”。“输入”是手机的位置，“控制器”（你的大脑）会指挥“控制对象”（你的手部），让控制对象的“输出”（手部的位置）达到目标（手机的位置）。

在实际生活中，图 9-1 中的这种简单的系统并不常见，大部分控制系统都存在一条反馈通道。图 9-2 显示了一个带反馈通道的控制系统。控制对象的输出会经过反馈通道产生“反馈”。得到的反馈会和“输入”一起输入控制器。

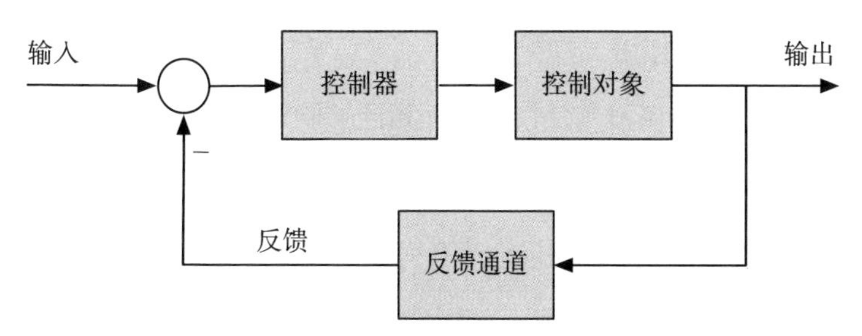

图 9-2 带反馈通道的控制系统

还是以拿手机为例，我们用图 9-3 表示。在你拿手机的过程中，你的眼睛会不断观察手的位置。眼睛就是这条反馈通道，在这一控制系统中，它将“输出”（手当前的位置）作为“反馈”送入大脑。更具体一点，大脑会基于“输入”（手机的位置）和当前的“反馈”（手的位置）的差距来控制手部动作。

一开始，手机的位置和手的位置差得很远，大脑会让你把手迅速伸过去，同时不断测量距离。随着距离渐渐缩短，大脑会控制手部速度，让其不断下降，并在到达手机所在的位置之后停下来。

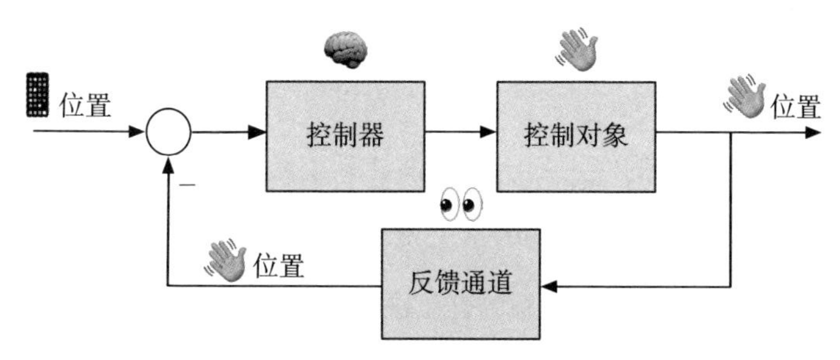

图 9-3 带反馈通道的控制系统（拿手机）

比较图 9-1 中没有反馈通道的系统和图 9-2 中带反馈通道的系统，

便能看出反馈的作用。

如果一个系统没有反馈，从开始到控制对象产生预期输出的过程中，控制器不接收任何关于控制对象实际输出情况的信息，那么，控制器需要在一开始时就设计一套完美的控制方法让控制对象执行。控制器要完全按照预期执行，并且执行过程中不能有任何干扰，这样控制对象才能够到达目标。控制过程中任何的外界干扰或控制对象发生任何变化，都会让最后的结果和预期不符。

在刚才拿手机的例子中，用没有反馈的系统拿手机的效果，就像让你看了一眼手机的位置后闭着眼睛拿手机。虽然你知道手机的位置，并且大脑中构思了一套控制手部肌肉的策略，但是在伸手的过程中，只要有任何外界干扰或者肌肉控制出现任何偏差，你就有可能无法拿起手机。

在存在反馈的系统中，你的眼睛会时刻监督手部位置，并根据手机的位置不断调整手部位置。即使肌肉控制出现偏差，或者你的手抖了一下，都没关系，你的反馈会让你随时做出调整，最终让你的手顺利拿到手机。

这就是反馈的作用之一。**反馈让系统具有了容错性和鲁棒性。运用反馈，你不需要精确的事先设计，只需要随时观察实际情况，并不断根据实际情况与目标的差距进行调整，就能达成目标。**

反馈不仅可以帮助一个系统实现事先设定的目标，当系统达成目标后，即使系统受到外界的干扰，反馈也可以帮助系统重新恢复稳定状态。比如不管外界温度如何，人类的体温都维持在37℃左右。

究其原因，也是因为人体有一个具有反馈功能的温度调节系统，该系统的理想输入是 37℃。一个人进入一个很热的房间，就相当于外界对他的体温进行了干扰，他的皮肤温度会上升。然后他的皮肤会把这个反馈输入控制器（大脑），大脑会根据“输入”（理想的 37℃）和“反馈”（实际温度）之间的差距，启动一系列措施。例如，皮肤的汗腺开始排出汗液，因为汗液蒸发有助于散热；皮肤的血管会扩张，这使血液大量流入皮肤，体内温度下降。经过这样的“输出”，体温仍然会保持在 37℃左右。

同样，一个人在进入一个寒冷的冰窖后，身体也会经历类似的过程，体温仍然会保持在 37℃左右。

通常，“输入”和“反馈”之间的差距决定了反应的大小。差距越大，反应就越大。

大自然也会借助反馈来调节生态平衡。例如，大草原上有植被和兔子，当大草原已达到平衡状态后，植被和兔子的数量会呈稳定状态，大自然也会有相应的反馈机制维持这个稳定状态。

例如，某一年气候很适宜，雨水丰沛，植被的数量增多。这时兔子的口粮充足，就会生出更多的兔子，兔子会吃掉更多的植被，植被的数量就会减少。植被的数量减少后，兔子的数量也会减少，这减轻了植被的压力，植被的数量得以恢复，也就维持了生态平衡。

上文的拿手机、调节人体体温、调节生态平衡这几个例子中的反馈都属于**“负反馈”**。所谓负反馈，就是把目标（输入）和现实（也就是反馈）的差距作为控制器的输入。当前目标和现实的差距越大，控制器的输入越大，控制力度越大；当前目标和现实的差距越小，控制器的输入越小，控制力度越小。这样反复调节，最后让系统的输出满足目标。

以目标和现实的差距为驱动力，是负反馈的核心。

关于如何利用这个驱动力，控制系统中有不同的策略，其中应用最广的策略是 PID（比例—积分—微分）控制。

比如，一个人要通过跑步减轻体重，他定的目标体重是65公斤，并且每天通过测量体重来反馈。他制定了一个策略：把目标体重和当前体重的差距乘一个比例系数，将结果作为当天的跑步圈数。例如，当前体重 85 公斤，距离目标体重 65 公斤差 20 公斤，若比例系数设为 0.5，那么当天就要跑：

$$0.5\times(85-65)=10\text{（圈）}$$

类似地，如果某一天他的体重变为 75 公斤，那么按照这个策略他当天应该跑 5 圈。

把目标和现实的差距乘一个比例系数，将结果作为控制器的输入，这就是“比例控制”。

比例控制是现实生活中最常用的一种控制。例如，我喜欢通过喝咖啡保持清醒。作为喝咖啡的人，我在头脑中对喝完咖啡的精神状态有一个期望。当我觉察到实际状态与期望状态之间存在差异时，我会基于差异大小决定摄入多少咖啡，以此让自己的实际状态达到期望水平。我摄入的咖啡的量，同我的实际状态与期望状态之间的差距成正比：差距越大，我摄入越多的咖啡，反之就少摄入一些。

我们在洗澡时通过转动热水阀门来调节水温的行为，也应用了比例控制。首先，你有一个期望的水温，这个水温是让你感到舒适的水温。当你发现当前的水温比你期望的水温更低时，你就会调大热水阀门，并且实际水温与你的期望差距越大，热水阀门开得越大；差距越小，热水阀门开得越小。

但比例控制也有缺点。比如在上文跑步瘦身的例子中，如果一个人在体重到了 66 公斤之后每天只跑半圈，这种运动量几乎没有瘦身效果，这会导致他永远也无法达到其设定的 65 公斤的目标体重。

这个例子说明，比例控制可能是有缺陷的，尤其是在目标和现实差距不大时，会出现动力不足的情况。

这时候应该怎么办呢？还是以跑步为例，一个好的方法就是把过去一段时间（例如一周）目标体重和实际体重的差距累计起来，作为确定当前训练量的依据。例如，如果一个人上一周体重一直维持在 66 公斤，一周内每天的实际体重和目标体重总是差 1 公斤，那么一周的累积差距就是 7 公斤。同样设置一个系数 0.5，那么这个累积的差距乘上该系数，就是这一周第一天训练时的训练量：

$$0.5 \times 7=3.5（圈）$$

用过去一段时间的差距的累积来进行决策，就是“积分控制”的核心思想。我们可以看出，**比例控制考虑现在的差距，而积分控制考虑过去一段时间累积的差距**。很多情况下，这两种策略是一起用的，这种控制策略被称为“比例积分控制”。

比例积分控制仍有不足之处。好的控制还应考虑未来的趋势。还是以跑步为例，如果你发现按照比例控制计算得到的每天跑步的圈数，让你在最近一段时间内体重下降过快，那么你不应该等到一段时间后、你的体重下降很多时，才利用比例控制减少运动量，而应在观察到这个趋势时，就立刻减少运动量。

类似地，如果你发现当前的训练强度不但没有使你的体重下降，反而让其略有增加的趋势，你同样不应该等到你的体重已增加很多时再利用比例控制增加运动量，而应在观察到这个趋势后迅速增加运动量。

这种利用未来的趋势提前调整控制量的方法，就是“微分控制”的核心。

总之，**比例控制着眼当下，积分控制总结历史，而微分控制判断未来**。在结合了比例、积分、微分这三种控制策略之后，大多数情况下我们都可以很好地实现目标，这就是强大的 PID 控制。

9.3 正反馈

上一节讲的反馈属于负反馈，我们知道了负反馈的作用，也知道负反馈会使一个系统变得稳定。输入过多，负反馈就会削减一点；输入过少，负反馈就会补充一点。

在控制系统中还存在一种反馈，即“正反馈”。这里的“正”不是指“正能量”或者“好”，而是指“增强、增加”。在我们之前介绍的负反馈系统中，输入和反馈之差会输入控制器；而在正反馈系统中，输入和反馈之和会输入控制器。图 9-4 就是一个正反馈系统，注意系统中的“+”号。

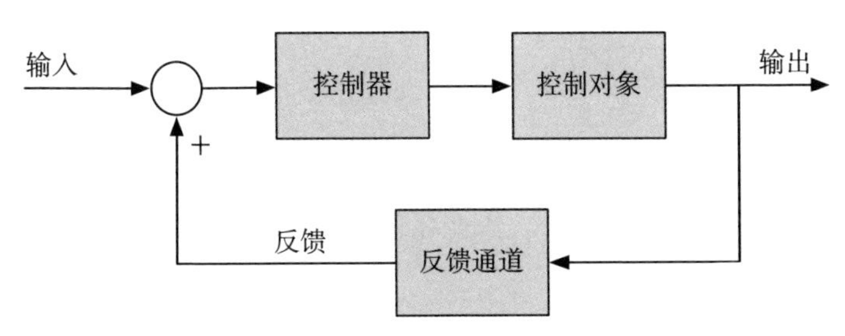

图 9-4　带正反馈通道的控制系统

不难看出，当一个系统存在正反馈回路时，反馈越大，控制器的输入就越大，控制对象的输出越大，产生的反馈也越大。所以正反馈回路也叫自增强回路，它的作用是像“滚雪球”一样不断放大、增强原有的发展态势，自我强化。

正反馈有一个被人所熟知的例子，即链式反应。核裂变中的正反馈造成了链式反应：当 1 个中子轰击铀原子核后，原子核衰变产生 3 个中子，这 3 个中子轰击铀原子核后又产生 9 个中子，然后 9 个中子轰击铀原子核后又产生 27 个中子，这样反应下去就产生了巨大的能量。

控制系统特别易受正反馈影响，正反馈回路在系统中会导致系统崩溃。而生活中的正反馈有好有坏：有可能是一个恶性循环，像脱缰的野马一样造成巨大的破坏甚至带来毁灭；也可能是一个良性循环，带来快速增长。

先来举几个坏的正反馈的例子。

例子 1：啸叫。

小至多媒体教室里，大至剧院的扩声系统中，经常都会出现啸叫。啸叫就是因正反馈而产生：人说话的声音经过扩音器，被扬声器放出来，这个放大的声音会进入话筒，再次被放大，扬声器发出更大的声音再次进入话筒，声音在正反馈中不断被叠加放大，产生啸叫（见图 9-5）。

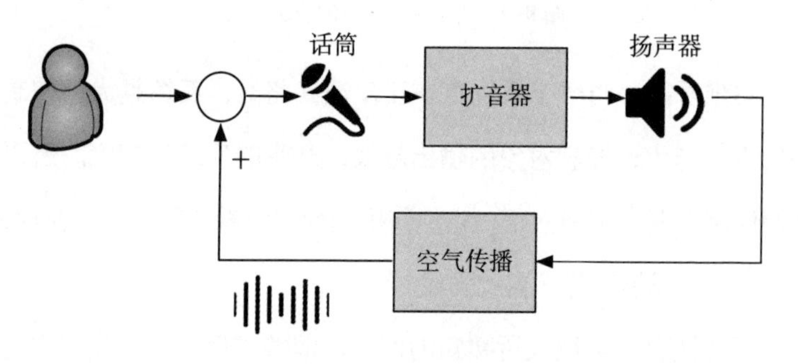

图 9–5　啸叫的产生

在自然生态系统中，当一个湖泊受到的污染超过其自身恢复能力的极限后，湖泊里的鱼会大量死亡，鱼死亡后的腐烂又会进一步加重污染，并使更多的鱼死亡。这样，湖泊就会彻底变成一潭死水，这也是一个坏的正反馈。

在情绪失控状态下吵架也是一个坏的正反馈：甲乙两个人吵架，甲很生气，提高了嗓门，乙随即也提高嗓门，这会导致甲再次提高嗓门，两个人的声音越来越大，然后甲会愤怒地推搡乙，乙可能会用更大的力度推搡甲，最后两人的冲突开始失控。

破窗效应也是一个坏的正反馈，它是指某一个建筑如果一开始有几扇窗户破了并且得不到及时维修，别人就可能会打碎更多的窗户。类似地，如果一面墙上出现一些没有被清洗掉的涂鸦，那么很快墙上就会布满更多乱七八糟的涂鸦。千里之堤之所以会溃于蚁穴，也是因为正反馈的作用。

有坏的正反馈，自然也有好的正反馈，我们来看以下例子。

例子 2：微软和苹果是如何成功的。

比尔·盖茨在《未来之路》一书中，详细地介绍了微软的 MS-DOS 系统如何打败其他操作系统成为行业标准。在 MS-DOS 系统刚刚推向市场之际，市场上还有包括苹果系统、UNIX 系统等操作系统，为了打败这些竞争对象，微软找到了一个正反馈回路：营造一个生态。

微软首先把 MS-DOS 系统的价格压到最低。此外，他们还同当时最大的计算机硬件厂商 IBM 签订协议，让 IBM 在其销售的许多计算机中使用 MS-DOS 系统，让更多的人使用 MS-DOS 系统。微软还会帮助别的公司编写以 MS-DOS 系统为基础的软件。

这样，MS-DOS 系统迅速被很多用户接受并使用。并且，在微软的带动下，开始有第三方应用开发者为 MS-DOS 系统编写应用软件。这样用户使用该系统就可以获得更高的价值，就会有更多的人购买 MS-DOS 系统。MS-DOS 系统的用户增多，就会有更多的第三方应用开发者为 MS-DOS 系统编写应用软件，从而又再促使他人购买，这就形成了正反馈。这让 MS-DOS 系统打败所有其他对手，成为行业标准。

同 MS-DOS 系统相比，市面上其他的操作系统失败的原因之一，就是生态构建得不够好。这些操作系统的兼容性不如 MS-DOS 系统，用户数量少，开发门槛高，缺少第三方应用开发者为其编写应用软件，没有形成正反馈。

乔布斯回归苹果后，接连推出包括 iPod、iPhone、iPad 在内的多款产品。在这些产品得到市场的认可后，乔布斯也注意到了苹果的生态问题。之前苹果推出的产品在技术上都保持一定的封闭性，而在 2008 年，苹果开始主动做出改变。 2008 年 3 月，苹果对外发布了针对 iPhone 的应用开发包供人们免费下载，以便第三方应用开发者针对 iPhone 开发应用软件。同年 7 月，苹果的 App Store 正式上线。2011 年 1 月，App Store 扩展至苹果电脑（Macintosh，Mac）平台。

App Store 让第三方应用开发者销售自己为苹果产品开发的应用软件。这不仅满足了苹果用户对各种个性化软件的需求，也让第三方应用的开发者获得了利润。这样，这些开发者参与开发的积极性空前高涨，也进一步满足了苹果用户的需求，有更多的人愿意使用苹果的产品，也带动了更多的开发者开发苹果产品的相关软件。正反馈机制得到建立，苹果的硬件、软件进入了一个高速、良性发展的轨道。

有人会问，现实生活中的正反馈最后会不会导致出现输出无限大的情况?

很显然不会。在现实生活中，正反馈不会让输出无限大，因为资源是有限的，在资源有限的环境中，没有任何一个物理系统可以永远增长。

核反应堆或原子弹中的链式反应威力再强大，其使用的核燃料也终将耗尽；再热销的新产品，也总会有面临市场需求饱和的一天；再蓬勃发展的经济，也将受到实体资本、金融资本、劳动力、资源或污染等诸多条件的限制。

微软和苹果的例子也是如此。世界上的用户是有限的，当某个产品占领了大部分市场后，指数级增长的模式必然无法一直维持，增长会越来越难，最后达到一个相对的稳定状态。

9.4 好坏正反馈的一线之隔

从上文的例子中我们可以看出，很多事情要想做好，需要找到一条好的正反馈回路，这样一旦进入正反馈的轨道，事情的发展就会突飞猛进。**真正的高手，都会用好的正反馈提升自己**。

如果你刚进入一家公司，领导给了你一个任务，你完成得很好，那么领导就会给你更多的机会，这样你就容易走上一条好的正反馈之路：工作做得出色，领导给你更多的机会，你得到了更多的锻炼，工作做得更好，领导给你更多的机会。

又比如，有的人通过在公众号平台发表文章，逐渐养成了写作的习惯，这也形成了一条好的正反馈之路：每次在公众号上发表文章后，通过评论区的点赞、评论和鼓励，他能感受到文章的价值，充满了成就感，这种外部激励会推动他不断写作，他的写作手法会越来越成熟，思维深度也会不断提高，写得越来越好，从而获得读者更多的正面评价，这样就进入了好的正反馈回路。

回到开头讲的跑步的例子，我那个同事在跑步方面同样形成了一个好的正反馈：他体重减轻、体能提升，能跑得更远，体重进一步减轻、体能进一步提升，最终能跑 30 圈。

可是，当你发现某件事情存在一个好的正反馈时，往往它也存在一个坏的正反馈。很有意思的是，**好的正反馈和坏的正反馈之间往往只有一线之隔**。

比如，你在进公司之初把领导给你的几个任务弄砸了，就很容易走上一条坏的正反馈之路；如果发表的文章反响不好，那么很容易导致他难以坚持写作，这样他的水平自然得不到提高，最后的结果就是放弃写作。

很多人之所以不能坚持跑步，同样是因为正反馈：体重很重，跑步很累，因此经常偷懒，不愿意跑步；体重更重，更不愿意跑步，一段时间过后，估计就放弃跑步了。

从上面的几个例子中可以看出，在很多情况下，好的正反馈和坏的正反馈在开始时往往只差一点点。可就是这一点差别，最后造成的结果天差地别。

想让飞轮转起来，在最开始时需要花费最大的力气；想要形成好的正反馈，往往也是在初期最需要花精力。就像我那个跑步的同事一样，在刚开始锻炼的一段时间，他靠着毅力咬牙坚持，让自己进入了一个好的正反馈。

因此，在做事情时，我们首先要能够敏锐地找到某些好的正反馈，并且在初期用自己的毅力来坚持、忍耐，有时候也可以借助外部力量来帮助自己，一旦飞轮转起来，好的结果自然水到渠成。

第 10 章
什么才是好的设计：找准底层更重要

10.1 如何吃炒三丁

我岳父很喜欢做一道叫炒三丁的菜，这道菜把土豆丁、胡萝卜丁和豌豆放在一起炒。我三岁的女儿很喜欢吃这个菜，但是因为土豆丁、萝卜丁、豌豆都比较小，她虽然会用筷子，但是夹这道菜时仍然很费劲。我们也尝试过教她如何用筷子夹起这样小小的丁，但是训练了很多次她的进步都不大。

后来索性每次吃这道菜时，我们都会在旁边为她放一个勺子。用勺子吃这道菜很方便，她也会使用勺子，直接就可以轻松地用勺子来吃这道菜。

故事说完了，那么这个故事带给我们什么启发呢？这个启发和设计有关。

10.2 什么是好的设计

在上文的故事中，我们的任务是让我女儿方便地吃到炒三丁。我们可以把这个任务分成下面两个阶段：第一阶段，选择合适的餐具；第二阶段，让她在使用这个餐具方面接受适当的训练。

这两个阶段哪个更重要呢？从上文中的故事来看，在第一阶段中选择合适的餐具比第二阶段的训练更重要。选择了勺子，不需要训练就可以很好地完成任务；选择了筷子，训练再久，任务也完成得不够好。

那么在这个任务中，为什么勺子比筷子更好？

因为勺子天然地考虑到了炒三丁的特点：勺子可以很容易地盛起这些小丁和豌豆。

而筷子虽然可以夹起大部分菜（通用性很好），但是在夹起小丁这个任务上，勺子的表现更好。

所以，从这个任务的特点出发，我们应该选择勺子，然后让我女儿在此基础上稍加训练，这样她就可以很好地完成任务了。

不仅是上文的故事，很多设计过程都可以分为设计合适的底层和以底层为基础进行适当的优化这两个阶段。

和吃炒三丁的故事一样，好的设计的核心在于第一阶段：设计合适的底层。只有将底层设计好，第二阶段的上层优化才会有事半功倍的效果。

如果把精力主要放到第二阶段，在设计底层时马马虎虎、草率了事，那么即使在第二阶段花再多的功夫，往往也只能事倍功半。

10.3 如何设计一个锤子

在与计算机相关的很多领域的科学研究中，数学被大量使用。这一事实的表现之一，就是研究人员会有意识地对任何问题进行公式化描述。

什么是公式化描述呢，我举个例子。这里面要涉及一些数学知识，如果你觉得它实在难以理解也可以直接跳过这个例子。

我想要把钉子钉进地板，现在打算设计一个锤子，让一个人在完成这个任务时耗费的能量最小。

公式化描述把这个问题变成一个数学问题。我们知道耗费的能量和人做的功有关，因此首先要计算出一个人把钉子敲进地板时所做的功到底是多少。

我们假设锤子的质量为 m，每次敲击锤子时，锤子最后落在钉子上的一瞬间的速度为 v。人每次从举起锤子开始到敲击钉子为止的过程中做的功为 W，W 和锤子的质量 m，以及锤子敲击钉子的速度 v 有关，根据动量定理，我们有：

$$W = \frac{1}{2}mv^2$$

我们来看看每敲击一锤子人做的功 W 能让钉子进去多少。钉子进入地板，需要克服阻力做功。根据功的定义：

$$W = F\Delta x \tag{10.1}$$

其中 F 是锤子对钉子施加的作用力，可以看成钉子进入地板时受到的摩擦阻力，而 Δx 是在克服阻力时钉子移动的距离。注意，摩擦阻力 F 是随着钉子进入地板的长度的增加而增加的（钉子进入得越深，受到的阻力越大）。

假设第一次敲击后，钉子进入地板的长度为 x_1（见图 10-1）。钉子刚刚接触地板时受到的摩擦阻力为 0，而进入 x_1 长度时受到的摩擦阻力为 kx_1，其中 k 是摩擦系数，与地板的材质与钉子的光滑程度有关。那么在这个过程中，钉子平均受到的阻力为：

$$F=\frac{1}{2}kx_1$$

这样，根据公式（10.1），第一次敲击后锤子对钉子做的功就可以写成：

$$W=F\Delta x=\frac{1}{2}kx_1\cdot x_1=\frac{1}{2}kx_1^2 \tag{10.2}$$

因此当这一次人做了 W 的功时，会使钉子进入地板的长度为：

$$x_1=\sqrt{\frac{2W}{k}} \tag{10.3}$$

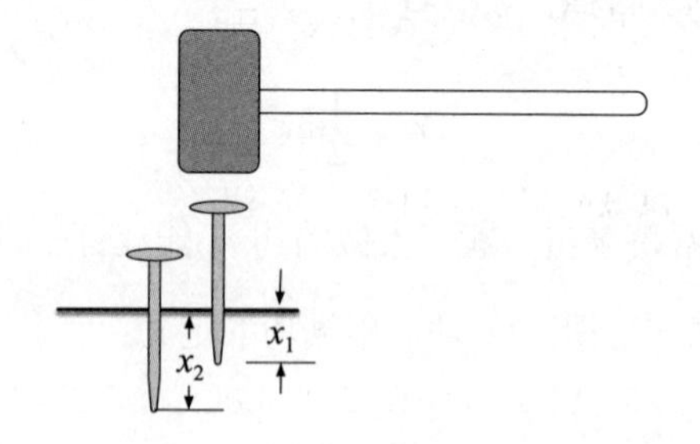

图 10-1　锤子敲钉子

第二次再锤钉子时，我们假设人以同样的速度挥动锤子，那么人对锤子做的功 W 不变，在这种情况下，假设钉子的深度从 x_1 达到了 x_2，此时钉子进入地板的长度为 $\Delta x=x_2-x_1$，其间受到的平均阻力为 $F=\frac{1}{2}k(x_1+x_2)$。那么这次敲击后锤子对钉子做的功，根据公式（10.1）可以写成：

$$W=F\Delta x=\frac{1}{2}k(x_1+x_2)(x_2-x_1)=\frac{1}{2}k(x_2^2-x_1^2)$$

因此当这一次人做了 W 的功时，钉子进入地板的长度为：

$$x_2=\sqrt{\frac{2W}{k}+x_1^2}=\sqrt{\frac{4W}{k}}$$

以此类推，我们可以知道，在第 n 次敲击以后，钉子可以达到的深度 x_n 为：

$$x_n=\sqrt{\frac{2W}{k}+x_{n-1}^2}=\sqrt{\frac{2nW}{k}}=v\sqrt{\frac{nm}{k}} \qquad (10.4)$$

有了这个表达式以后，我们就可以对锤子进行优化了。我们假设一个人每次挥动锤子的速度固定为 v，钉子的长度为 L，把钉子完全钉入地板需要敲击 n 次，那么 n 对应的 x_n 需要满足：

$$x_n \geqslant L$$

注意 x_n 的表达式由公式（10.4）决定，这是要满足的限制条件。

在该限制条件下，我们需要让人做的总功最小。人挥动 n 次锤子，做的功总量为：

$$W_{总}=nW=\frac{1}{2}nmv^2$$

这样，我们就有了一个对整个问题的公式化描述：

$$\min_{m} \quad W_{总}$$
$$\text{s.t.} \quad x_n \geqslant L$$

这个表达式的意思是，在满足 $x_n \geqslant L$ 这个限制的条件下，我们要找到一个最优的锤子质量 m，让最后的做功总量 $W_{总}$最小。

将公式化描述展开，可以写成：

$$\min_{m} \quad W_{总}=\frac{1}{2}nmv^2$$
$$\text{s.t.} \quad v\sqrt{\frac{nm}{k}} \geqslant L$$

注意到，我们假设人挥动锤子的速度 v，以及钉子的摩擦系数 k 都是常数。这样，第一个公式有我们需要优化的变量，即锤子的质量 m，还有一个附属的需要决定的变量，即敲击次数 n。我们需要找一个最优的质量 m，在满足$v\sqrt{\frac{nm}{k}} \geqslant L$的条件下，让$\frac{1}{2}nmv^2$最小，那么该如何找到呢？

首先，我们把 nm 放在一起，根据限制条件，可以知道：

$$nm \geqslant k\frac{L^2}{v^2}$$

因此 $W_{总}$一定满足：

$$W_{总}=\frac{1}{2}nmv^2 \geqslant \frac{1}{2}kL^2$$

所以，人把一个长为 L 的钉子敲击进地板，做的最小的功就是

$\frac{1}{2}kL^2$，这发生在$nm=k\frac{L^2}{v^2}$的时候。

因此，我们可以发现，只要设置其中 n 为任意整数，那么最后所消耗的能量就可以达到最小，这个最小值为：

$$E_{总}=\frac{1}{2}kL^2$$

从上面的推导中可以看出，要想公式化描述问题，我们需要有一个或多个优化目标（这个例子里是人消耗的总能量），以及被优化的变量（这个例子里是锤子的质量）。

通过这种方法，我们设计了一个最优的锤子。

但是，往往被大部分人忽略的是，公式化描述只是对某个参数进行了优化，这只是设计的第二阶段，**而第一阶段“选择锤子”对这个任务来说是最重要的。**

如果你选择的工具不好，比如你选择一根木棍、一把斧头或一个扳手来做敲钉子这件事情，那么在使用这些工具的基础上，即使公式化描述做得再好，优化到极致，也只能产生事倍功半的效果。

此外，上述的公式化描述对锤子进行优化的程度是有限的。

第一，优化是基于大量的假设实现的。这些假设包括：（1）使用不同质量的锤子时，人们每次敲击的速度 v 一样；（2）每次敲击都正好可以敲到钉子上，等等。这些假设在现实中并不完全成立。

第二，优化只针对锤子的质量这一方面。而锤子最重要、最实用的特点，包括锤头的形状、大小，锤柄的形状，等等，无法通过优化实现。

第三，在很多情况下，优化带来的提升并不大。在这个例子中，当 m 不按照这个最优值来设计时，最差情况下多耗费的能量 $\frac{1}{2}mv^2$ 很小，就是多敲击一次的能量。

简单来说，**我们用了那么多篇幅，通过这么多公式推导进行的优化，其实没那么重要，很多情况下第二阶段“优化”的重要性都不如第一阶段的“选择”。**

10.4 如何设计一个电饭锅

多年前我读大学时上了一门名为“单片机原理”的课。当时有一个课后作业是自己模拟设计智能电饭锅，并且写出对应的单片机控制程序。

我当时这样设计电饭锅：用一个温度传感器测量电饭锅的温度，然后通过单片机读取温度，通过控制继电器控制加热电源的开关，从而控制电饭锅的温度。

煮米饭这件事应该存在一条理想的温度曲线。例如，加热时升温的幅度，水开后持续保温多久，等等。我为单片机精心设计了一个控制算法，单片机会根据当前测量到的温度和理想温度之间的差距，控制继电器的开关。

考虑到锅里加不同重量的米后对应的理想温度曲线应有所不同（放的米多，米更重，加热时间应该更长），我还增加了一个重量传感器，单片机会根据重量选择合适的理想温度曲线作为参考。

设计完成后我很满意，感觉我设计了一个理想中的电饭锅。

然而，当时的我没有仔细思考家里的电饭锅到底呈什么结构。当时的电饭锅根本不存在“温度传感器 + 重量传感器 + 单片机控制”这种模式，但似乎也很好用：不管这次米加了多少，水量是否合适，似乎每次都能把饭煮好。

那么这种电饭锅的底层设计是怎样的呢?

要知道，把饭煮好的关键就是把锅里的水煮干，并且在锅里的水煮干后停止加热，否则就煮糊了。

当时的电饭锅仅用了一个软磁铁就实现了这个看似复杂的功能。

软磁铁有一个特性，它在温度达到 103℃左右时会失去磁性。电饭锅的锅底下面有一个软磁铁，按下煮饭开关时，磁铁的吸力使电源保持连通状态，持续加热。煮米饭时，锅底的温度不断升高，直至能使水沸腾的 100℃。但只要电饭锅里还有水，电饭锅的温度就不会高于 100℃。一旦电饭锅里的水煮干了，温度就会继续上升。当锅底达到 103℃时，软磁铁失去磁力，切断电源。此时电饭锅发热板的余温会再持续加热一段时间，直至米饭熟透。

这个方案完美地利用了“软磁铁在 103℃左右失去磁性”，以及“水的沸点为 100℃”的物理特性，显然要比我之前设计的“温度传感器 + 重量传感器 + 单片机控制”的方案更简单、经济。

当然，这种设计也有很多可以优化的空间。例如，为了实现保温功能，很多电饭锅会增加一个双金属片的恒温器；为了增加定时功能，很多电饭锅还安装了一个定时器。在结构上，很多电饭锅也改进了设计，从原来的直接加热，改成了间接加热，这不仅使加热变得更均匀，也让内胆可以拆卸，便于清洗。

我们来总结一下。在设计一款电饭锅时，我采用的底层设计是“温度传感器 + 重量传感器 + 单片机控制”，并且在这个底层设计之上，为单片机设计了优化的控制算法。

而实际使用的电饭锅的底层设计则是用软磁铁进行温度控制，并在此之上陆续增加了保温功能、定时功能等。

在实用性、价格、鲁棒性方面，无论我的单片机控制算法做得多么先进，我的方案都不如实际市面上通用的电饭锅方案。因为后者完美地结合了软磁铁的物理特性和做饭的需求。

这就是底层设计的重要性。底层设计方案做得不好，即使上层优化做得再好作用也不大。

10.5 如何解决高铁取票忘拿身份证的问题

坐过高铁的人应该都有过在自动取票机上取票的经历。取票会用到身份证，而有的人取完票会忘记把身份证拿走，有什么方法能解决这个问题呢？

如果是一个学习过图像和视频处理技术的人，很容易会选择下面的方法来解决问题：在自动取票机上加装一个摄像头，读取摄像头的数据，用算法来识别取票的人是否把身份证忘在自动取票机上。

这是基本的设计方案，在这个基础之上也可以优化具体的细节，例如提高图像处理算法的精度和实时性，提高算法的鲁棒性，等等，也可以提高实用性，例如当算法检测到一个人刚取完票离开但忘拿了身份证时，就立刻通过语音来提醒他。

这是一个好的设计吗?

我们来看看实际生活中的自动取票机是如何实现这一点的。很多自动取票机把放身份证的位置设计成倾斜的，人们把身份证放在相应位置进行验证时，需要用手一直按住身份证，一旦验证完成，也就会自然而然地把身份证带走了（见图 10-2）。

这个设计极其简单，但是不得不说非常有效。

图 10-2　高铁取票机的设计

比起上面的那个“摄像头 + 算法 + 语音提醒”的方案，这个方案在成本和实用性方面有巨大的优势，把人们的习惯、重力等因素，融入了设计底层。而之前那个方案看似炫酷，但也只是看似炫酷。好的设计，应尽量在设计的底层去考虑任务的需求和特点，而不是在优化的环节考虑。

10.6 总结

本章我们从如何吃炒三丁的故事中提出了“什么是好的设计”这一问题。通常为了完成一个任务，设计会分为两个阶段：第一阶段是设计合适的底层，第二阶段是以底层为基础进行适当的优化。

很多人都将精力集中于优化，设计了很多酷炫的优化方案，而对第一阶段的底层设计不够用心。然而实际情况是，第一阶段的重要性远远大于第二阶段。在很多情况下，上层优化的作用是有限的，如果底层设计不够好，仅由上层优化堆起来的设计就像一个不牢靠的空中楼阁，堆得很高，但一推就倒。

我们讲了几个例子，包括如何设计一个锤子，如何设计一个电饭锅，如何解决取票忘拿身份证的问题。这些例子都体现了底层设计的重要性。

现实生活中还有很多类似的例子。比如，在拍电影方面，一个好的剧本就是底层，而演员的流量和演技，摄像的技巧，场景和道具，等等，都是上层的优化。如果剧本是空洞的，哪怕用最好的演员、最炫酷的特效，也制作不出一部好的电影。

设计的毛坯往往决定了成败。在一般的毛坯上，哪怕进行大量的优化，也只能完成一个可用的设计。唯有找到最合适的毛坯，才能完成一个卓越的设计。

第 11 章

模仿：抓住本质，摆脱限制

本章我们从玩具放大镜说起，谈谈如何模仿。

11.1　玩具放大镜

某个周日的早上，我看见女儿拿起一个放大镜在床上玩，而后突然觉得她手里的放大镜和我之前熟悉的那种放大镜似乎有些不同。这种放大镜是用塑料做的，比我常见的那种凸透镜薄得多，并且表面上还有一圈一圈的同心圆。但是透过它看字，字确实被放大了不少。

后来我查了一下，才知道这就是菲涅尔透镜。菲涅尔透镜的形状和凸透镜有很大不同，为什么也能放大呢?

从物理学的角度来讲，要实现放大，我们只需要使平行射入的光线能够聚焦在远处某一点即可。传统的放大镜也就是凸透镜，是靠玻璃形状本身做到这一点的。以图 11-1a 中的这个凸透镜为例，平行射入的光线经过透镜的曲面后发生折射，并在某个交点汇聚，实现了放大。

这个过程中真正起作用的仅为凸透镜那个弯曲的面。而凸透镜的其他部位，包括左边的平面以及内部的区域，都是没用的。既然这样，我们可以直接去掉这些不改变光路的部分，保留曲面部分。这就形成了图 11-1b 中的一个很薄且具有光滑曲面的凸透镜。

我们可以进一步对这个凸透镜进行改造。想使平行射入的光线聚焦，其实并不一定需要一个光滑的曲面，只要透镜的曲面处曲率相等即可。这样，我们只要将剩余部分平移至透镜底部（见图 11-1c），它就变成了我女儿手里的那个菲涅尔透镜。和普通的凸透镜相比，菲涅尔透镜可以做得薄而轻，价格也会更便宜。

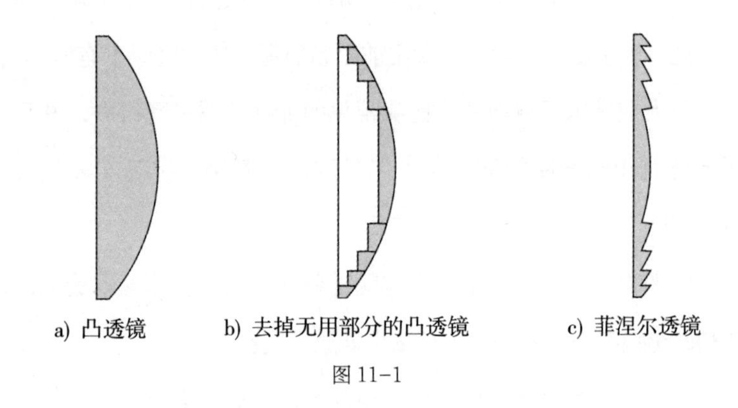

图 11–1

从一个普通的凸透镜出发，一步一步去掉那些无用的部分，最后变成了一个具有相同功能但在某些方面更优秀的菲涅尔透镜。

在这个例子中，使平行射入的光线能够聚焦在远处一点，是放大的核心，凸透镜是靠本身的玻璃形状做到这一点的，但不意味着玻璃一定要呈凸透镜的形状，这就是不必要的限制。如果只是为了达到在远处一点聚焦的目的，我们可以去掉任何不必要的部分，于是就产生了菲涅尔透镜。

我们可以把菲涅尔透镜看成是基于凸透镜进行的模仿和改进。在现实生活中，基于已有的事物进行改造和创新是一种很常见的创新途径。借助上面的例子来思考这种改进过程，就可以发现这样的规律：**想通过模仿已有的某个事物进行创新，我们首先需要弄清事物产生作用的原理，知道哪些是关键因素，哪些是不必要的限制，然后把关键因素抽离出来，摆脱不必要的限制，就可以改进得更好。**

抓住本质，摆脱限制，这是通过模仿来创新所需要的重要思想。

11.2 飞机和蒸汽帆船

现实生活中有很多领域应用了这一创新思想。

比如，在飞机被发明之前，包括达·芬奇在内的很多人都曾想模仿鸟类的飞行让人类飞上天，设计了很多模仿鸟类扇动翅膀的振翼式装置，但无一例外都失败了。因为和鸟类不同，人类的体重和胸肌的力量让人类完全不能靠翅膀飞起来。

那我们是如何从鸟的飞行过程中得到启发并发明飞机的呢？

鸟能够飞起来的背后原理属于空气动力学，其关键之一是产生向上的升力。人们理解了空气动力学就会发现，振翼可以提供升力，但这只是获得升力的方法之一。这种方法对鸟来说是合适的，鸟有着轻盈的骨架、发达的胸肌和流线型身体，但是对于人来说不合适。

开创了空气动力学的乔治·凯利（George Cayley）在弄清楚鸟飞起来的原因之后，就提出了通过固定机翼的形状来产生向上的升力的思路。后来经莱特兄弟的改进，人们终于实现了飞行的梦想。

这也用了“抓住本质，摆脱限制”的思路。我们想要通过模仿鸟的飞行来让人飞上天，首先需要理解鸟的飞行原理，即空气动力学。而根据空气动力学，想飞行需要产生升力。

理解了空气动力学可以发现，振翅飞翔只是产生升力的方式之一，这种方式适合鸟，但不适合人。

理解了原理，我们就可以摆脱“想飞翔一定要拍打翅膀”这一限制，从而设计出有固定机翼的飞机。利用机翼的形状来产生升力，成功让人类实现飞行的梦想。

我们还可以发现，“抓住本质，摆脱限制”这一思路通常贯彻先“自底向上”再“自顶向下”的过程。自底向上，是从现象中提炼出本质和原理；而自顶向下，是从本质和原理出发，结合实际，摆脱限制，设计出新的产品。

发明飞机的过程就是如此：我们首先观察到鸟的飞行，理解其原理，并提出了空气动力学。这是一个自底向上的抽象过程。而通过理解空气动力学，我们摆脱了振翅的限制，设计出有固定机翼的飞机，这又是自顶向下的实现过程。

蒸汽帆船也是经过这样的过程发明的。古代的帆船都靠人力划桨，后来人们发明了蒸汽帆船。最初，蒸汽帆船在行驶时直接模仿人的划桨方式，只是用蒸汽驱动划桨，但是人们很快发现，这种划桨方式的效率很低。要知道人之所以适合用划桨的方式来驱动船，是由人的身体结构和人在船上所处的位置决定的。由坐在船上的人来驱动船时，划桨可能是一种好的方式。

但是想让船移动，本质上只需要提供将水向后推的力量。因此，对划桨方式的限制实际上是没有必要的。

富兰克林改进了蒸汽帆船，蒸汽帆船不再使用人类的划桨方式，而采用了螺旋桨（见图 11-2），螺旋桨就是脱离了划桨这个限制而做的设计。螺旋桨放置在水下会直接产生推力，并且在设计时以产生最大的推力为目标设计其外形。相较于由人划桨的方式，螺旋桨大大提升了动力的使用效率。

图 11-2　用螺旋桨驱动的蒸汽帆船的模型

可以看出，上文中用螺旋桨驱动蒸汽帆船的发明过程，也使用了“抓住本质，摆脱限制”的思路。

11.3 人工智能的发展方向

2018 年的图灵奖得主、人工智能领域的标杆人物杨立昆（Yann LeCun）在多年前谈及人工智能的发展方向时，说过下面这段话：

模仿自然非常好，但是我们仍然需要在模仿时去理解，哪些细节是重要的，哪些细节仅仅是自然演化的结果，或者是受生物、化学等条件限制得到的产物。

在飞行领域，人类发展了空气动力学和流体力学，由此知道羽毛以及翅膀的扇动对飞行来说并不是重要的。

那对于人工智能而言，什么是人工智能中的“空气动力学”呢？

杨立昆的这段话，暗示了人工智能的发展方向可能不一定是单纯地模仿人类大脑的工作方式，因为人类的智能受当前人类大脑的工作方式的限制所产生。而更重要的是，我们需要理解人类智能、思维背后的核心因素，找到人工智能的“空气动力学”，并结合计算机的特点，这样才能有所突破。

11.4 研究生如何读科技论文

作为一名高校老师，我发现很多硕士生和博士生在读科技论文时，容易“被他人的论文带着走”。每每读完后，只觉得别人说得很有道理，但并不能从中有所学习并推动自己的研究工作。

很多同学开玩笑地说，读别人的科技论文有一个悖论：如果别人的论文方向和你的不完全一致，那么这篇论文中的解决方法往往就不能给你提供帮助；而如果别人的论文方向和你的一致，并且提出的方法可以被你直接使用，那么你的创新点在哪里？

所以，很多人的选择是这样的：选择和自己研究的问题高度相关的科技论文，然后看看在这基础上，自己有什么可以改进的地方。

然而，用这种方式写出的论文的创新性往往会大打折扣，因为新论文的整体思路都与那篇旧论文相似，你的新论文只是在它的基础上做了修补，创新是增量式的。

读别人的科技论文本质上也是一种模仿，我们也可以用“抓住本质，摆脱限制”这个思路。

首先，在选取论文时，不一定要选择和自己的研究方向完全一致的论文。其次，在读他人的论文时，不仅要关注具体的技术细节，还需要仔细思考在这篇文章具体的技术细节背后，是否蕴含更高一层的思想和智慧。这就是之前提到的“自底向上”的抽象过程。

只要找到了这些思想和智慧，你就可以摆脱他人论文中具体场景的限制，然后根据你当前研究的问题的特点，对这些思想和智慧进行改进，并以此解决你的问题。这就是“自顶向下”的应用过程。

用“抓住本质，摆脱限制”的思路来读科技论文，就可以做到

"六经注我"而非"我注六经"，并且基于这种思路产生的新论文的创新性往往更强。

11.5 总结

本章我们谈到了如何通过模仿其他事物来进行创新。

创新的有效途径之一就是"抓住本质，摆脱限制"，并且通常要经历一个先自底向上再自顶向下的过程。自底向上，是从事物的表面现象中提炼出本质，发现其核心原理，并且知道哪些是针对具体情况的一些限制。而自顶向下，是从本质和原理出发，摆脱不必要的限制，然后根据自己的情况进行优化，在仍然遵守核心原理的前提下，在自己的场景中做得更好。

第 12 章

何时守成，何时冒险：看基础概率

首先，本章在开篇强调一点：赌博的危害很大，切勿沉迷。本书中仅用此例子讨论概率与算法。

本章我们从数学的角度来谈谈赌场庄家如何从赌客手中不断赚钱。你明白了这个道理，就会明白为什么沉迷赌博的人最终总会倾家荡产。此外，我们还会介绍一些从中得到的启示。

12.1　大数定律

赌场的游戏是由赌场庄家设计的，在设计每一个赌局时，一定会在概率上让庄家比普通玩家更占一点优势。

我们以轮盘赌为例（见图 12-1）。轮盘赌的玩法十分简单：一个转盘被分为 38 格，由玩家猜测射入转盘的小球停在哪个格子，猜对了赌场通常以 35∶1 的比率赔钱给玩家。也就是说，你押 1 元，如果押对了，那么你不仅拿回这 1 元，而且庄家还会再给你 35 元；如果押错了，你就损失了你押的 1 元。

图 12-1　轮盘赌

因为有 38 个格子，所以玩家猜中小球落在哪个格子里的概率是 1/38。概率是一个数学概念，为了详细说明“1/38”的概率到底是什么意思，我们假设一个玩家玩了非常多次游戏，然后对他的猜测结果是否正确进行统计。

因为玩家每次要么猜“对”，要么猜“错”，所以我们直接把玩家每次的“对错”进行排列，那么最后可能是这样的：

错**对**错错错错**对**错错错错错错错错错错错错错错错错错错错错错错错错**对**错**对**错错**对**错错错错错错错错错错错错错错错错错错错错错错错错错错错错错错错……

这些结果可能也只是一部分，如果玩家玩的次数足够多（例如 1 万次），统计这 1 万次中“对”的次数占所有次数的比例，会发现它非常接近 1/38。也就是 $10000 \times 1/38 \approx 263$（次）。这就是“1/38”这一概率的实际含义。

注意，上面的方法实际上统计了猜“对”的**频率**。也就是说，在次数足够多的情况下，“出现某一个结果的频率”等于“该结果的概率”。

在统计学中一个名为**“大数定律”的词解释了这一现象**。大数定律是统计学的基石，它是指**只要一件事情发生的次数足够多，它出现某一个结果的频率就会等于其概率。**

我们注意到，大数定律的成立需要满足“发生的次数足够多”这一条件。只有发生的次数足够多，统计出来的频率才会等于概率，并且发生的次数越多，统计出来的频率越接近概率。

我们看一下玩家在玩的次数足够多的情况下的收益情况。假设他每次押 1 元，押了 1 万次，那么根据概率，他猜对的次数应该非常接近 263 次。由于每猜中一次会得到 36 元，所以他猜一万次的收益大致为 $263 \times 36 = 9468$（元）。

但是，因为他一共投入了 1 万元，所以算下来他亏了大约 500 元。

注意，500 元虽然不多，但却是**稳定的亏损**。因为只要玩的次数够多，猜对的频率就会非常接近 1/38。这个概率下，每玩一局下注 1 元，只有 1/38 的概率可以拿回 36 元，因此平均每局要亏：

$$1-\frac{36}{38}=\frac{1}{19}\text{（元）}$$

这就是“久赌必输”的数学原理。

我们可以看出，在设计游戏时，庄家总会让自己的获胜概率比玩家高一点。这个优势通常很小，为 5%~10%。但是不要小瞧这一点点概率优势。庄家在有这一点概率优势的前提下，让投注的次数变多。这样根据大数定律，庄家就可以稳定地赚钱了。

有人可能会问，我投注的次数并不多，为什么大数定律能发挥作用呢？注意，虽然每个人投注的次数不多，可是到赌场投注的人很多。庄家不是和你一个人赌，而是和所有到赌场投注的人赌，所以在概率方面，所有人的投注都会被计算在内。这些投注次数加在一起当然足以让大数定律实现了。

因此我们可以知道，赌场最欢迎的，就是那些经常去玩的玩家。此外，赌场还会想方设法地增加投注次数。

12.2 夹娃娃机的演化

不仅赌场会利用大数定律稳定地赚钱，这种思想也已经迅速被不同行业的商家所利用，我们以夹娃娃机为例。

我上大学时也玩过夹娃娃机，和当前有三根爪的娃娃机不同，我那时候的夹娃娃机只有两根爪。但是好处是，只要那两根爪把娃娃抓住了，通常就可以把娃娃夹出来。因此，战绩如何很大程度取决于玩夹娃娃机的人的技术。有经验的人能够找准位置下爪，经常可以夹起一大堆。我记得有一天晚上，我在某商场玩了一小时，夹了一袋子娃娃。

但是最近几年，夹娃娃机升级了。首先爪子从两根变为三根。但是这并不是关键，最关键的是夹娃娃机的爪子的松紧规律变得可以设定了！例如，商家可以把爪子这一次夹紧的概率设成 1/10，这意味着平均每夹 10 次，爪子有 9 次会在升起来时松掉。如果你玩过夹娃娃机就知道，如果这次爪子是松的，那么你几乎不可能把娃娃夹出来。

这个对概率的设定是革命性的。这意味着商家摆脱了“玩家的技术”这个桎梏，直接在概率的层面来和玩家玩这个游戏。

如果设定玩一局需要 2 元，每个娃娃的价格是 10 元，商家把爪子夹紧的概率设成 1/10，那么玩家玩一局的平均损失就是 1 元。这同样根据大数定律，玩家玩得次数越多，实际情况就越符合这个平均损失。

我们可以看出，夹娃娃机的商家同样利用了“概率优势”与“大数定律”。只要参与的人数够多，他们就可以一直处于不败之地。

至少在我身上印证了这个改变。近十几年，我夹起来的娃娃屈指可数，再也没有重现多年前的战绩。

12.3 启示

那么，从赌场、娃娃机的例子中，我们能得到什么对日常工作和生活有益的启示呢？

第一，要努力提高你的基础概率。

这一点非常明确。基础概率作为核心，是达成目标的关键因素。

第二，如果你做成某件事的基础概率较大，那么重复的次数就是你最好的朋友，你需要尽量多次重复。

例如，你做自媒体，并且想写出 1 篇爆款文章。我们都知道很多情况下爆款文章可遇不可求，即使你的文章质量很高，也不能保证它会成为爆款。如果你的水平达到了平均 100 篇文章中能够有 1 篇爆款文章，概率已经很高了，那么此时你应该多写。

为什么？因为平均 100 篇文章中有 1 篇爆款文章是概率，不是实际发生的频率。这不意味着你每写 100 篇文章就一定可以有 1 篇爆款文章。根据大数定律，只有在你写出足够多的文章的情况下，频率才能等于概率。例如你写了 2000 篇文章，大概可以有 20 篇爆款文章。

所以，当你写了 100 篇文章还没有出现 1 篇爆款文章时，别气馁。根据大数定律来看，这很正常，也并不意味着你产出爆款文章的概率低于 1%。你应该坚持多写，只要你水平达标，大数定律会帮你的。

对于创业者来说也是如此。通常意义上，创业成功的概率很低，如果你本身的能力很强，又有资源，那么你创业成功的概率就会比平常人更高。假设你创业成功的概率达到了惊人的 1/3，这并不意味着你创业 3 次就一定有 1 次能成功，大数定律告诉我们，只有你创业的次数达到一定值时，这个概率才能真实反映你的成功比例。

当前社会，我们可以看到很多有能力但屡屡创业失败的人，请不要嘲笑他们的屡战屡败，虽然他们多次创业失败，但这并不意味着他们成功的概率低。这些人可以多尝试几次，让大数定律发挥作用。

第三，如果你的基础概率比你的竞争对手低，那么你应该进行如下思考。

先看看能不能提高基础概率，如果不能（例如你是赌场的玩家），对你来说，最佳方案是不参与赌博，跳到另外一个从概率上来说对你有利的局里。

第 13 章

“执两用中”的智慧：最小二乘估计给出的解释

今天，我们来分析孔子的一种思维方式及其背后的科学道理。

13.1 执两用中

孔子非常推崇舜，在《大学·中庸》里，孔子说：“舜其大知也与！舜好问而好察迩言，隐恶而扬善，执其两端，用其中于民。其斯以为舜乎！”

孔子在这段话里说了舜的一种决策方式。简单地说，舜首先听取各种言论意见（“好问而好察迩言”），然后在掌握两种或多种不同主张的基础上，综合找到中间的方案（“执其两端，用其中于民”）。

这段话中最有智慧的就是这一句话：“执其两端，用其中于民。”这就是所谓的“执两用中”。孔子非常认同这种思维方式，他在《论语·子罕》中也说过类似的能表达这种思想的话：“吾有知乎哉，无知也，有鄙夫问于我，空空如也，我叩其两端而竭焉。”（我有知识吗？其实没有知识。有一个乡下人来问我，我对他谈的问题本来一点也不知道，我通过推敲问题的两端找到答案。）这里的“叩其两端”和上面的思想相似。

在《论语·为政》里，孔子提到：“攻乎异端，斯害也已。”（否定、批判不同意见，那就有害了。）

不管是“执两用中”“叩其两端而竭焉”，还是“攻乎异端，斯害也已”，都包含了一个智慧：**我们需要在了解各种不同的，甚至相反的意见之后才能提出方案，并且，我们往往只有在这些不同意见之间做出妥协后才能得到最后方案。**

孔子把这套思想运用得炉火纯青。

例如，道家和法家的思想对于治国来说，一个过松，一个过紧，这是两个极端，所以孔子说：“政宽则民慢，慢则纠之以猛；猛则民残，残则施之以宽。宽以济猛，猛以济宽，政是以和。”因此，为政的关键，在于松紧适中。孔子称这种松紧相济所达到的适中状态为“和”。

“执两用中”告诉我们，解决问题时把握两端，综合找到中间的解决问题的方案才是常道。

而一些思想如“过犹不及”等都已经化作成语，从文化层面深刻影响着每个人。

“执两用中”在生活中随处可见。例如，从个人健康角度来说，对我们身体好处多多的“适度锻炼”，就是在“躺平”和“过度运动”之间的一个“执两用中”。

我们可以用一个数学概念解释“执两用中”的智慧，这个数学概念就是“最小二乘估计”。为了讲清楚最小二乘估计，我们先从方程组说起。

13.2 无解的方程组真的无解吗

我们在前文鸡兔同笼的例子中分享了方程组。这类方程组有解，并且有唯一解。但现实中还存在另外一种情况：对于一个方程组，我们找不到一组可以满足其中所有方程的解。

我们来举几个例子，在小学课本里我们学过，如果想精确地得出一个物体的长度，最好多测几次然后取平均值。这种多次测量的过程实际上就是建立了一个方程组。

例如，我们对一个物体测了4次，长度分别为24.11cm、24.05cm、24.13cm和24.12cm。从方程的角度来说，由于每次测量都是直接对该物体的长度（假设为x）进行的，因此这4次测量实际上建立了一个关于自变量x的方程组：

$$\begin{cases} x = 24.11 \\ x = 24.05 \\ x = 24.13 \\ x = 24.12 \end{cases} \tag{13.1}$$

显然，我们找不到一个可以同时满足该方程组里所有方程的

解 x。

另外一个例子是初中物理课本中测量弹簧弹性系数的方法。要想知道一个弹簧的弹性系数，我们需要在该弹簧下面吊重量不同的物体，然后量出弹簧每次被拉伸的长度。根据胡克定律，我们知道弹簧的弹性系数 k、施加的质量 m 和弹簧拉伸长度 Δl 之间的关系为：

$$mg = k\Delta l \tag{13.2}$$

其中 g=9.8m/s^2，是重力加速度。

严格来说，我们只需要做一次实验：施加一次质量 m 以及测量弹簧相应的拉伸长度 Δl，就可以根据 $k=mg/\Delta l$ 求出弹簧的弹性系数 k。

但是通常我们对长度和重量的测量都存在误差，因此为了准确得出某个弹簧的弹性系数，往往需要多次施加不同的重量，然后分别测量弹簧在这些重量下的拉伸长度。图 13-1 显示了在 5 种质量下弹簧的拉伸长度。

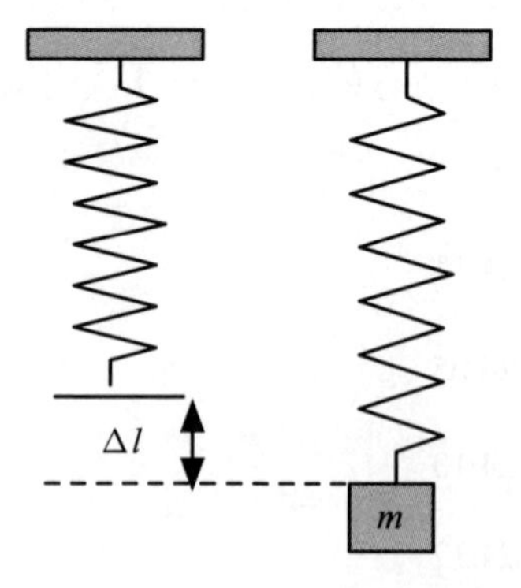

质量/kg	伸长/cm
0.5	2.00
1.0	3.90
1.5	6.10
2.0	7.88
2.5	10.00

图 13-1　寻找弹簧的弹性系数

如果用方程组的思想来看，这 5 次测量实际上建立了一个关于自变量 k 的方程组：

$$\begin{cases} 0.02k = 0.5\times 9.8 \\ 0.039k = 1.0\times 9.8 \\ 0.061k = 1.5\times 9.8 \\ 0.0788k = 2.0\times 9.8 \\ 0.1k = 2.5\times 9.8 \end{cases} \tag{13.3}$$

对这个方程组稍加整理，就可以得到：

$$\begin{cases} k = 245.00 \\ k = 251.28 \\ k = 240.98 \\ k = 248.73 \\ k = 245.00 \end{cases} \tag{13.4}$$

我们很容易发现，该方程组也是无解的。

以上方程组都只包含一个自变量，我们再来看看包含多个自变量的方程组的例子。

某公司 1—6 月的单月净利润分别为 10、11、15、19、20 和 25（以万元为单位）。我们把每个月的利润按照月份显示在图 13-2a 中。现在，我们想预测该公司下半年每月的月利润，有一个方法是根据上半年每月的月利润建立一个模型，然后根据这个模型进行预测。从图 13-2a 中可以发现，该公司上半年每月的利润都在稳定上升，图中代表每月利润的这些点好像在一条直线上。

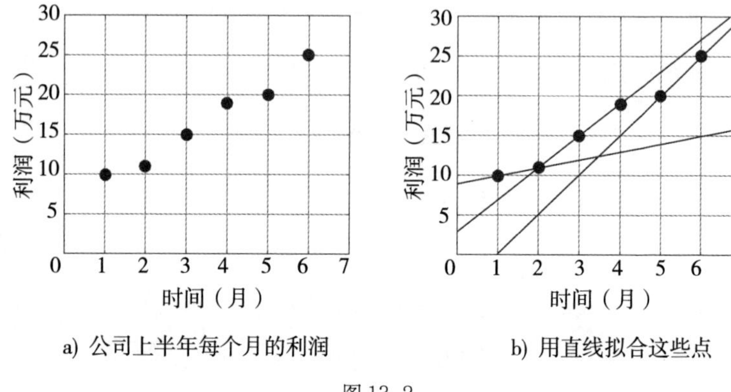

a) 公司上半年每个月的利润　　b) 用直线拟合这些点

图 13-2

因此，我们选择直线模型，现在要找到这条直线的具体表达式。二维空间中一条直线的表达式为：

$$y=kx+b$$

这里包含两个未知的系数 k，b，x 是月份，y 是对应月份的利润，（x, y）就是图 13-2 中的每个点，其坐标分别为（1, 10）、（2, 11）、（3, 15）、（4, 19）、（5, 20）、（6, 25）。

简单来说，我们要根据图 13-2a 中的这 6 个数据点，找到两个系数 k，b。这一过程同样要建立一个包含 2 个未知数、6 个方程的方程组：

$$\begin{cases} k+b=10 \\ 2k+b=11 \\ 3k+b=15 \\ 4k+b=19 \\ 5k+b=20 \\ 6k+b=25 \end{cases} \tag{13.5}$$

不难发现，这个方程组也是无解的。即不存在一组（k, b）能同时满足这6个方程，如果存在一组解可以满足这6个方程，就意味着在这条直线上可以找到这6个点，而从图13-2b中可以看出，虽然某些直线上面有若干个点，但是找不到一条经过所有点的直线。

上面只是给出了3个例子。有工程经验的人会知道，**方程无解的情况在实际工程中经常出现，普遍程度和重要程度都远远超过方程有解的情况。**

这种情况之所以很常见，是因为在实际工程应用中，经常会碰到这一类的问题：为了知道某一组未知数$X=[x_1, \cdots, x_n]$的值，我们需要从多个角度来观测X。每测量一次，都会产生一个关于X的方程。并且在绝大多数情况下，为了消除噪声的影响，我们测量的次数要远远多于X里所包含未知数的个数。

此时，方程组通常就是无解的，即不存在一个可以完美地满足所有方程的X。面对这种情况，我们怎么办呢？

第一种解决方案是删掉一些方程。例如方程组（13.5）中有2个未知数k，b，所以我们只要删掉方程组中任意4个方程，就可以找到一组能完美地满足剩下2个方程的（k, b）。

例如，我们删掉方程组（13.5）中最后4个方程，得到的方程组为：

$$\begin{cases} k+b=10 \\ 2k+b=11 \end{cases} \qquad (13.6)$$

这样很容易就能找到满足这两个方程的一组变量，即 $k=1$，$b=9$。

这种方法可以帮助我们找到方程组（13.1）和方程组（13.4）的解。

但是这样做好吗？你怎么知道保留哪些方程得到的解最好呢？

我们举个例子：如果把方程组中的每个方程都当作一个观点，那么方程组的解就相当于这些观点的交集。观点在很多时候找不到交集也很正常，而我们通过删掉某些方程找到一组能够满足剩下所有方程的解的行为，就好像直接忽视一些观点找到剩下观点的交集一样。

这种为求完美直接忽视一些观点的解决方案，就是孔子说的“攻乎异端，斯害也已”。

那么，我们应该怎么做呢？我们可以从工程领域解决这一类问题的方案中得到启发。

如果不存在能同时满足一个方程组中所有方程的解，那么工程师和科学家们的惯例，就是**找到一个“让所有方程的平均误差最小的解”，这就是第二个解决方案**。

我们以方程组（13.5）为例。现在我们的目标是找一组 (k, b)，将这组 (k, b) 代入每个方程中，会让方程等式左边和右边的误差总体最小。

为了求出这组解，我们定义一个目标函数 $J(k, b)$，这个函数的表达式为：

$$J(k, b)=(k+b-10)^2+(2k+b-11)^2+(3k+b-15)^2 +(4k+b-19)^2+(5k+b-20)^2+(6k+b-25)^2 \quad (13.7)$$

注意方程组（13.7）中，等式右边的第一项，就是方程组（13.5）中第一个方程 $k+b=10$ 等式左右的差距的平方。后面的每一项，都是方程组中某一个方程等式左右的差距的平方。我们的目标是找到一组 (k, b)，让这个函数 $J(k, b)$ 最小。

关于如何找到这一组最优的解，稍微有一点微积分的知识，就可以知道最优的 (k, b) 应该满足使 J 关于 (k, b) 的偏导数为零：

$$\begin{cases} \dfrac{\partial J}{\partial k} = 0 \\ \dfrac{\partial J}{\partial b} = 0 \end{cases}$$

根据上面的这个方程组，我们可以得出最优的 $k=3$，$b=6.1$。图 13-3 中的这条虚线，就对应这组最优的参数：

$$y = 3x + 6.1$$

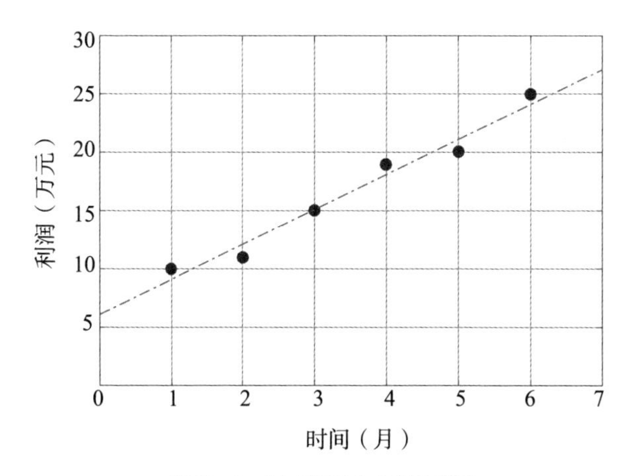

图 13-3　通过微积分求得的直线

我们可以从图 13-3 中直观地看出，这条直线虽然不能经过所有的点，但是在平均意义上和所有的点最接近。这个解使所有方程组误差的平方和最小，这就是**“最小二乘估计”**的含义。

回到前文中测量物体长度的例子，我们来看看对于方程组（13.1），最小二乘估计找到的解是什么。按照最小二乘估计的规则，我们定义目标函数 $J(x)$ 的表达式为：

$$J(x)=(x-24.11)^2+(x-24.05)^2+(x-24.13)^2+(x-24.12)^2 \tag{13.8}$$

最优的解 x 满足让 $J(x)$ 导数为零，根据 $\frac{\mathrm{d}J}{\mathrm{d}x}=0$，我们得到

$$2(x-24.11)+2(x-24.05)+2(x-24.13)+2(x-24.12)=0 \tag{13.9}$$

因此我们得到最后的 x 为：

$$x=\frac{24.11+24.05+24.13+24.12}{4}$$

这就是我们所熟知的“多次测量取平均值”的方法。我们用最小二乘估计，推导出多次测量取平均值的结果。换句话说，多次测量取平均值，**是用最小二乘估计找到的某一类特殊方程组的解的表达式**（方程的形式为 $x=$ 常数）。

数学家们从理论上证明，通过最小二乘估计找到的解，在通常意义下，比那些完美满足部分方程的解更接近真实的情况。

13.3 最小二乘估计和“执两用中”

最小二乘估计使整体的误差最小，这就体现了我们在本章第一节中所说的**“执两用中”**。“执两用中”告诉我们，在面临多方不同的诉求时不能走向极端，而要持中守正，权衡多方的利益，在多个诉求中找平衡。

在解方程时，如果一个方程组无解，那么我们有两个选择。

第一个选择，找到一个**能够完美满足少数方程的解**。这个解可以完美满足某些方程，但是在其他方程中会让方程左右两边的误差较大。

第二个选择，找到一个**让所有方程的平均误差最小的解**。这就是通过最小二乘估计得到的解，它可能无法满足所有的方程，但是这个解在所有方程的左右两边造成的误差都不太大。**最小二乘估计，就是解方程时的“执两用中”。**

无论是理论还是实践都表明，第二个选择求出的解是更好的。

“对少量方程的完美诠释”和“对所有方程的不完美诠释”其实代表两种不同的思维方式。

贯彻第一种思维方式的人的特点是“偏执”。一个道理要和他的观念完全一致才会被他接受，他也只认准这个道理，如果不一致，他一律不理会。

只接受自己所认为的完美，不接受和自己认同的完美相冲突的任何观点并把它们视为瑕疵，这就是完美主义的问题。

体现在方程组中，就是只看方程组中的少量方程，对其他方程视而不见或干脆删掉，以此保持“方程组有唯一解”这一信念。而贯彻第二种思维方式的人，首先接受这个世界的不完美，接受不同的人可以和自己有不同的思维方式与观点，在做事时多方权衡、考虑各个方面的利益，最后有所让步和磨合，不走向极端，这在本质上就是“执两用中”。

13.4 总结

本章我们介绍了最小二乘估计。最小二乘估计是在没有一个解能够完美地满足一个方程组中所有方程的前提下，找到一个能够平衡所有方程的解。

最小二乘估计中蕴含的思想与中庸之道的智慧不谋而合：接受世界的不完美，不偏不倚、多方权衡、执两用中。

世界本身就是不完美的，我们不追求片面的完美，而是在接受不完美的前提下权衡多方的利益，找到最佳的平衡点。

第 14 章

精益求精与步步为营

14.1　解决问题的两种思路

人们做很多事情，比如解决一个问题、开发一个产品、完成一个项目等，通常都有两种典型模式。

第一种模式是把解决问题的方案分成若干个步骤，然后按照步骤一步一步地完成。这就好像那个为人熟知的笑话：把大象装进冰箱需要几步？答：三步，把冰箱门打开，把大象塞进去，把冰箱门关上（见图 14-1）。

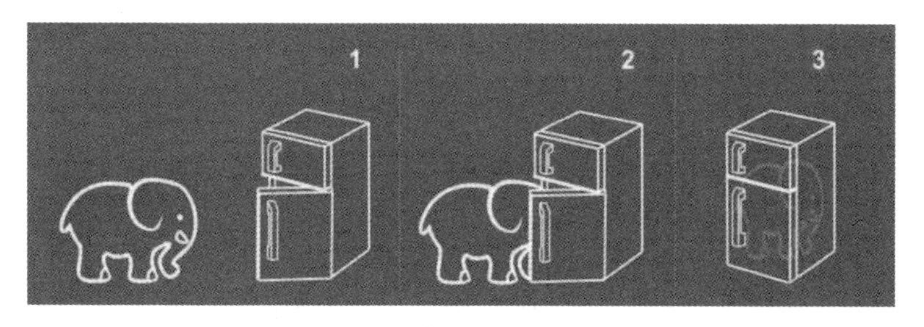

图 14-1　把大象装进冰箱的三个步骤

按照这种模式做事情，通常会在做每一步时都力求完美，直到把整个流程走完才能拿到想要的结果。这种模式用一个成语来形容，就是**“步步为营”**。

我们在上学时通常采取这种“步步为营”的模式学习课本（特别是在学习数学和物理等理科课本时）。从课本第一章开始，每一章都要扎扎实实地学明白，把概念吃透，做完每一章的课后练习才会进入下一章。当你把每一章的概念理解透彻后，整本书就学完了（见图 14-2）。

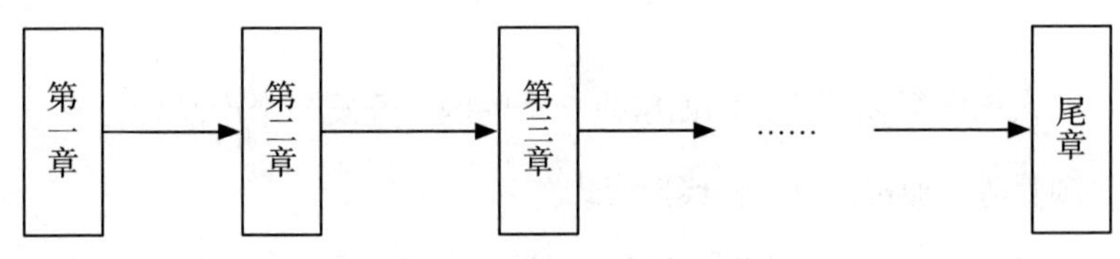

图 14-2 “步步为营”的学习模式

除了“步步为营”还有一种模式，这种模式并不要求你走每一步时都做到最优，而是要求你迅速走完一轮，然后基于本轮迭代，反复迭代多轮，每一轮迭代后都力求比前一轮更好，以此在多轮迭代后得到一个好的结果。这种模式用一个成语来描述，就是**“精益求精”**。

还是以读书为例。与“步步为营”不同，“精益求精”（见图 14-3）模式不要求人们在读第一遍书时把每一章吃透，而是要求迅速、“不求甚解”地把一本书读一遍，读时只求领会要旨，不求彻底理解每一个概念；读完一遍后再读第二遍，这一遍更有重点地去看第一遍没有理解的内容；然后反复多遍，直至把这本书吃透。

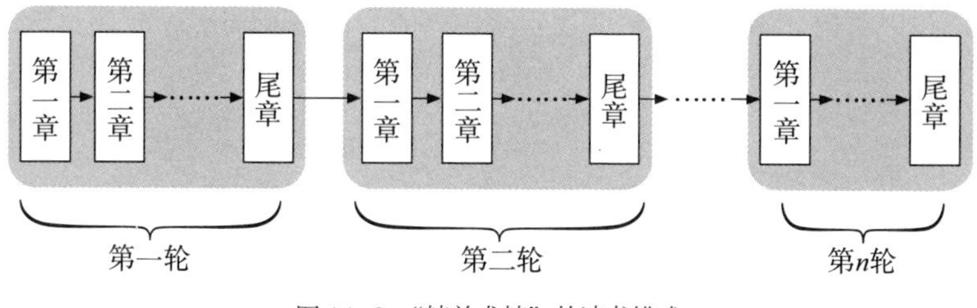

图 14-3 “精益求精”的读书模式

这两种模式也是两种思想，它们在很多领域中都有应用，我在下文举几个例子。

14.2 两种找函数极值的方法

例如，要想找到函数 $y=-x^2+2x$ 的极值，通常有两种方法。

方法 1：求导法。

求函数极值的常用的方法之一就是对该函数求导数，再令导数为 0。这样就可以建立一个关于函数自变量的方程，方程的解就是这个函数的极值的位置。

对于上面这个函数 $y=-x^2+2x$ 而言，该函数的导数为：

$$y'=-2x+2$$

令导数为 0：

$$-2x+2=0$$

找到该方程的解 $x=1$，这就是该函数极值的位置。用这种方法得到的自变量的值，叫作该问题的解析解（analytical solution）。我们可以看出，用“求导法”找到函数极值的过程可以分为如下三步。

第一步：对函数求导数。

第二步：令导数为零。

第三步：找到该方程的解。

每一步我们都不能出错，经过这三步，我们就可以得到最后的答案。求导法就使用了上一节中介绍的“步步为营”这一思想。

然而，人们在求函数极值时并不常用求导法，因为求导法的限制很多。例如，求导法需要知道函数的表达式，还要求函数表达式比较简单，并且要求导数在所有点都存在。而实际应用中，很多函数的形式十分复杂，甚至无法得出表达式，也不一定满足可导条件，很难通过求导法找到极值点，因此我们需要另一种更实用的方法。

方法 2：数值解法。

我们用图 14-4 解释数值解法的核心思想。图 14-4 中的曲线是函数 $y=f(x)$ 的图像。我们想找到这个函数最大值的位置（灰点处）。

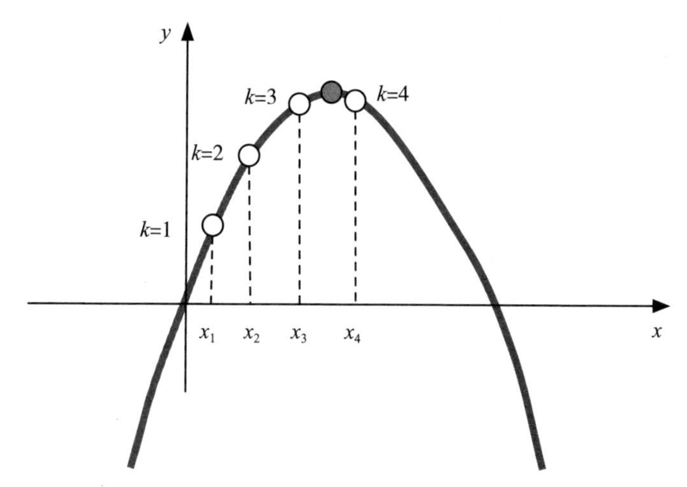

图 14-4　函数最大值的数值解

找到数值解（numerical solution）具体有以下几步。

第一步（$k=1$）：随便猜一个 x 的值。假设我猜的位置为 x_1，显然，这么猜几乎不可能碰巧猜到最大值的位置。不过没关系，当我们猜到 x_1 时，我们计算一下在 x_1 附近，随着 x 的增大，y 是上升的还是下降的。本例中，在 x_1 附近，y 随着 x 的增大而上升。这就意味着如果 x_1 增大，那么我们可以得到更大的 y。

第二步（$k=2$）：我们在 x_1 的基础上把 x 增大一点，假设达到图 14-4 中 x_2 的位置。同样，我们看一下在 x_2 附近随着 x 的增大 y 是上升的还是下降的。在图 14-4 中仍然上升，因此我们还应该继续增大 x。

第三步（$k=3$）：我们在 x_2 的基础上再次增大一点数值，达到 x_3。按照上述的方法判断，依然应该增大 x。

第四步（$k=4$）：我们在 x_3 的基础上，再次增大一点数值，达到 x_4。这时候，我们发现在 x_4 处，y 随着 x 的增大而下降，这意味着我们应该后退一点。

不断重复上面的步骤，我们就可能得出代表最优的灰点的位置。

通过上文的例子我们可以发现，数值解法的思路并不是试图一次就找到函数最大值的位置，而是通过逐步迭代不断逼近最大值，这也符合“精益求精”的思想。

与求导法相比，数值解法不需要知道函数的具体表达式，也不要求函数处处可导，因此在科学工程中如果需要找函数极值，绝大部分时候会采用这种方法。现在在深度神经网络领域，都是采用这种思路来训练神经网络的参数。

14.3　产品开发的两种模型

一个产品的开发流程中有多种不同的模型，其中一种常见的模型是瀑布模型，它将一个产品的开发分为需求分析、设计、实现、发布等多个阶段。因为每个阶段都有相应的管理与控制，所以能够比较有效地确保产品品质。瀑布模型中的各个阶段按照固定次序衔接，如同形成瀑布的流水一样逐级下落（见图 14-5）。

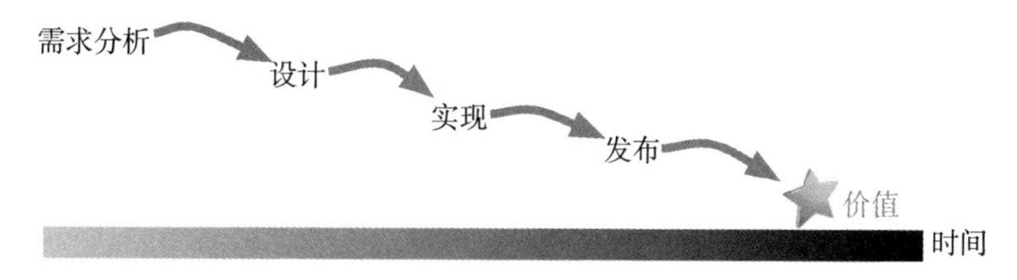

图 14-5　产品开发的瀑布模型

我们可以看到，瀑布模型中包含我们上文说的“步步为营”的思想：产品开发被明确分为几个阶段，要在完美地完成前一个阶段后才能进入下一个阶段。最后一个阶段的任务完成后，就可以得到最后的理想结果。

然而，用瀑布模型来进行产品开发有两个重要的缺点。

第一，这样的开发流程不适应用户需求的变化。因为用户需求在最前端，一旦用户需求发生变化，整个开发流程全部需要从头再来。

第二，只有在项目生命周期到了后期才能看到结果。

我在网上看到这样一个真实的例子。老王是一个公司高管，也是一个足球爱好者，他经常苦于踢足球时临时组不成队，所以萌发了做足球社交平台的想法。在该应用上，人们可以组队订场去踢球。他越想越觉得这个想法很有前景，因此辞去工作，投入多年的积蓄，组建开发团队，进行需求分析与功能设计，慢慢优化该应用。

研发团队为了尽善尽美、优化用户体验，在该应用中开发了非常多的功能，例如在应用界面上可以把用户拖拽到球场上组队。虽然这些功能在开发方面非常费时，开发进度比预期慢了很多，但老王认为这是必需的，因为他认为只有推出一个“完美”的产品到市场，用户才会买单。在整整开发了一年后，让老王比较满意的“完美”应用终于完成了。

团队把应用放到应用商店供用户免费下载，也做了推广。可过了几个月，他们却发现下载者寥寥无几。失败的原因至今是个谜，可能是市场并没有这个需求，或者是产品还有很多可以优化的地方，总之这个项目最后不了了之。

老王的这种产品开发模式就使用了典型的“瀑布模型”。然而，正如老王精心推出的这个应用失败了一样，用这种“步步为营”的模式开发产品，效果往往不尽如人意。其中最大的问题就是，他在把自己觉得完美的产品推向市场之前，无法知道用户反馈。很可能出现的情况就是投入了大量资源、金钱、时间，开发了一个自认为能够成为“爆款”的应用，结果推向市场后却发现产品无人问津。

与瀑布模型相对的是**敏捷模型**（Agile Model）。从敏捷模型（见图 14-6）中我们可以看出，在用敏捷模型开发产品时，整个开发工作被组织为一系列短周期的快速迭代。每一次迭代都包括了需求分析、设计、实现与测试工作，并通过客户的反馈不断进行改进，直至达到最后的要求。

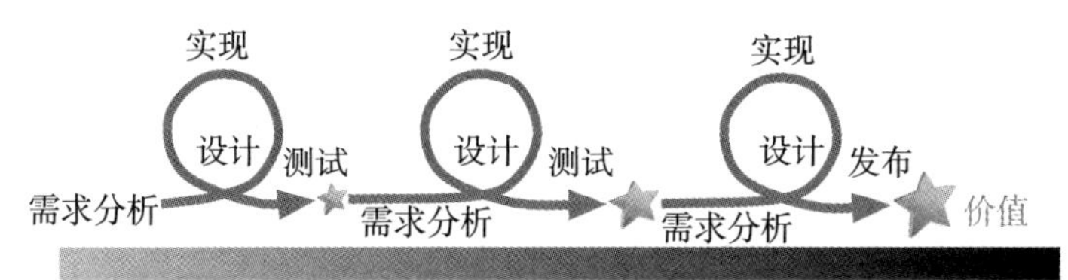

图 14-6　产品开发的敏捷模型

很多年前，我和同事一起去和某公司的负责人谈项目合作。这家公司虽小，却是国内最好的高压电线自动检测公司之一。他们做了一个非常受市场欢迎的设备，用户可以通过将这个设备挂在高压电线上来实时检测输电线路是否在正常工作。有一天吃晚饭，这个负责人在和我谈到他们的开发思路时说了这么一段话：

像我们这样的小公司开发产品，尤其是开发科技含量较高的产品，不能想着一步到位。最开始，一定要把一个**不完美，但可用的产品**做出来，这样我们心里就有底了。然后把这个产品拿到现场去用，工程师在使用后会告诉我们很多我们在设计之初没想到的问题，用户会向我们提出更多的要求，我们就在这些基础上一步一步改进。别看现在这个产品的功能这么好，第一代产品刚做出来时问题非常多。

这么多年，我仍然清清楚楚地记得他说的“不完美，但可用的产品”的概念。后来我才知道，这就是大家所说的“最小可行产品”（Minimum Viable Product，MVP）。严格来说，最小可行产品是指有部分功能恰好可以让设计者表达其核心设计概念的产品。设计者可以进行验证式学习，并根据使用者的回馈进一步了解使用场景，继续开发此产品。

我们可以看出，用敏捷模型来开发产品就符合我们说的“精益求精”。敏捷模型并不要求我们在每个阶段做到最优，而是要求迅速走完第一轮开发过程，拿到一个最小可行产品，然后在该产品的基础上获得用户反馈并根据反馈迭代改进。经过多轮迭代，就可以得到一个非常好的产品。

和瀑布模型相比，用敏捷模型进行产品开发有以下两个突出优势。

第一，敏捷模型的短周期迭代思想可以很好地适应用户需求的变化。

第二，能够快速得到早期用户的反馈，进而可以在之前的设计人员遗漏某些因素的情况下对产品进行快速迭代。

现在一些非常成功的企业（尤其是互联网企业）推出产品的模式，几乎都依据“敏捷模型”，小步快跑，快速迭代，极少“十年磨一剑”。

不要想着一次就能开发出好的产品，要通过快速迭代的方式进行更新，保证每一小步都跑得很快。开始时要允许不完美，但要通过快速迭代逐渐向完美逼近。每天发现和修正一两个小问题，产品很快就能打磨出来。

14.4 写论文的两种模式

我曾听多伦多大学的一位教授分享如何写论文。

他告诉我们，写一篇论文有两种模式。第一种模式是先琢磨一个完美的想法，然后做实验验证，等实验做完，拿到了所有的数据再开始写。

第二种模式是稍微有了一个初步可行的想法就开始写，写的时候不打磨语法，用最快的时间写出一个初稿。写完给周围的人看，让他们提意见，并且针对这些意见改进想法、用实验验证想法并且修改文章。这样经过多轮迭代完成对文章的打磨。

这位教授告诉我们，一定要用第二种模式写论文。

我们可以看到，他说的第一种模式就使用了“步步为营”的思想，把写文章的过程拆成三步：

第一步，思考出一个完美的想法；

第二步，用大量的实验验证这个想法；

第三步，开始写论文。

在上一步完成之前不进行下一步，如果每一步都按计划完美执行，最后就可以写出一篇好论文。

第二种模式就用了“精益求精”的思想：从一个初步的想法开始，组织实验，写论文初稿，然后根据写作情况和实验结果，不断迭代，最后写出一篇论文。

我完全赞同这位教授的观点。有经验的科研工作者都知道，按照“步步为营”的模式来写论文，效率是非常低的。

首先，在脑海里琢磨出一个完美的想法非常难。写科技论文时提炼想法不像吟诗作对一样“两句三年得，一吟双泪流”，通过苦思就可以得到一个好想法。科技论文的想法好坏通常要通过实验验证才能知道，并且有经验的研究者会知道，做实验的结果也可以帮助我们发现问题，找到改进方案，不断完善想法。此外，写论文的过程可以帮助我们厘清思路、完善想法。仅凭思考得出的方案一开始通常都是不靠谱的。

其次，如果这样写论文，在写论文之前我们通常无法得知别人的反馈。写完论文后如果别人给你提了一个好的意见，你可能需要重新做实验，做仿真，并再次修改你精心打磨的“完美”论文，这样做时间成本就太高了。

而第二种模式实际上就是先尽可能地写出一个“可行但不完美的论文”，然后不断迭代来完善和改进。从这个意义上来讲，在最初迅速完成第一版非常重要，这也侧面印证了这句格言：“完成比完美更重要。”（Done is better than perfect.）

14.5　总结

今天，我们介绍了开发产品、完成项目的两种模式：步步为营和精益求精。

步步为营的模式把过程分为多步，每一步都力求完美，上一步没做完不进行下一步；精益求精的模式并不要求把每一步都做到完美，而要求迅速走完一个完整的流程，然后反复迭代，不断提高。

在很多情况下，用精益求精的模式通常可以得出更好的结果。

最后，我们以《连线》(*Wired*)杂志创始主编、作家凯文·凯利(Kevin Kelly)在他的畅销书《失控》里的一段话作为结尾。

说到机器，有一个违反直觉但很明确的规则：复杂的机器必定是逐步地，而且往往是间接地完善的。别想一次用华丽的组装做出整个功能系统。你必须先制作一个可运行的系统，作为你真正想做出的系统的工作平台……在组装复杂机械的过程中，收益递增是通过多次不断的尝试才能获得的——也即人们常说的“成长”过程。

第 15 章

变换的思维：问题不好解决，那就变换事物的形态

本章，我们来说信号处理方面一个特别重要的思想——变换。先分享一个笑话。

15.1 如何切洋葱

甲："我切洋葱时觉得辣眼睛，很难受，你有什么好办法吗？"

乙："有，很简单，你在水里切就不辣眼睛啦。"

过几天甲对乙说："你的办法真好用，就是麻烦点，切几刀就得浮出水面换气。"

虽然这是一个笑话，但是乙提出的方法确实有效：不考虑其他因素的话，在水里切洋葱确实能够避免辣眼睛。

15.2 "变换"的思想

"把洋葱放到水里切"的这个思想，和信号处理方面一种特别重

要的思想是一致的，我们把这种思想称为“变换”。

这种思想的基本操作显示在图 15-1 中。我们想对一个物体进行操作，得到一个结果，但是直接对物体的原始形态进行操作（见图 15-1a）有时代价太大。这时一个更好的替代方案如图 15-1b 显示的，这种方案通常分为以下三步。

第一步，把物体的原始形态按照某个规则变换为另外一个形态。

第二步，在该形态下操作，得到一个结果。

第三步，按照之前的变换规则逆向变换这个结果，就可以得到我们之前想要的结果。

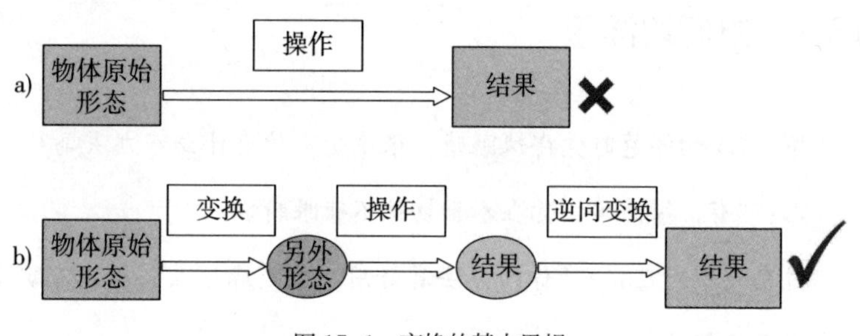

图 15-1　变换的基本思想

简单地说，如果直接在物体的原始形态下操作不够方便，那么我们就要考虑是否先把这个物体变成另外一个形态，在该形态下可以比较方便地操作，等做完后，再将结果变换为之前的形态即可。

比如，我们的目标是把“洋葱”（原始形态）“切开”（操作），得到“切开的洋葱”（想要的结果）。但是这种方式容易“辣”眼睛，因此我们做了以下几步。

1. 变换原始形态：先把“洋葱”放进水里，得到“水中的洋葱”。

2. 基于变换后的形态进行操作：对“水中的洋葱”进行“切开”这一操作，得到“在水中切开的洋葱”。

3. 逆向变换操作结果：将“在水中切开的洋葱”从水里拿出来，得到“切开的洋葱”。

这样，我们就达到了目的，并且避免了直接切洋葱会辣眼睛的问题。

这种例子生活中有很多。例如，一个铁匠想要把一根铁条敲打成一把剑，如果用锤子直接敲打铁条，那么通常情况下他不仅不能达到目的，而且可能会把铁条敲碎。铁匠们的方法是加热铁条，将铁条变软（变换原始形态），把软的铁条打成一把剑（在变换后的形态上进行操作），然后将这把剑冷却（逆向变换操作结果）。

15.3 传输中的变换

这种思想在运送物体或传输信号方面用得非常多。我们来举几个例子。

例子 1：跨国海运。

如果直接把很多散装货物从一个国家通过海运运输到另一个国家，成本会非常高。而实际生活中在这种情况下通常用集装箱来运送，大大降低了运输成本。如果我们仔细思考一下，会发现这其实也用了“变换的思想”（见图 15-2）。首先，把散装货物放入集装箱（变换物体原始形态），然后通过货船将集装箱运到目的地（在变换后的形态上进行操作），上岸后把货物从集装箱里拿出来（逆向变换操作结果）。

图 15-2　跨国海运

例子 2：远距离的电力传输。

电力传输也用了类似的思想。

发电厂的发电机所发出的电压通常只有 10kV 左右，而在把它接入输电电网之前，通常要将电压升高到 110kV、220kV 或者 330kV，这究竟是为什么？

原因很简单，就是为了减少远距离输电产生的损耗。

在远距离的电力传输中，输电电力的损耗是很大的。假设输电电流为 I，输电线的电阻为 R，那么输电线上的功率损失为：

$$P=I^2R \tag{15.1}$$

根据公式，我们有两个方法来降低输电损失。一种方法是降低输电线的电阻 R，R 越低，功率损失 P 就越小。在输电距离一定的情况下，为了降低电阻，应当选用电阻率小的金属来做输电线，例如铜、铝。此外，还要尽可能地增加输电线的横截面积（横截面积越大，电阻越小）。但是这种方式不够经济，输电线显然不能无限加粗，加粗电线会使输电线的成本急剧升高，输电线的自重也会随之增加，这给铺设带来困难。

因此，另一个方法就是降低输电电流 I。我们知道，传输功率等于电压和电流的乘积。在向用户提供固定电功率的情况下，传输电压越高，传输电流就越小。

所以，通常远距离输电时电压都很高，为 110kV、220kV、330kV，少数电厂已经将点传输电压提高到 500kV 甚至 750kV。

当高压电经过电网到达用户附近之后，还会经过变电站逐级被降为用户使用的 220V/330V（见图 15-3）。

图 15-3　高压电传输

我们可以发现，远距离传输电力也遵循“变换”的思想。我们想要把电力从一个地方传输到另外一个地方时，直接传输损耗太大，因此必须先升高电压，让其以高压电的形态进行传输，然后在其到达用户附近后再降压，使其成为用户可以使用的电压。

例子 3：远距离传播声音。

一个人说话时声音再大，也只有其附近几十米内的人能听清，这是因为人的声音在空气中的衰减速度太快。

而我们都知道，电台广播可以将直播间内主播的声音，传送到同城范围内的所有收音机上，这是怎么做到的呢？

这就涉及调制、解调技术。

我们知道，人发出的声波为几百 Hz，可以看作振动频率比较低的信号。低频信号无法远距离传播，只有高频信号才能通过空气传播到远方。

因此，人们发明了一种“调制”技术。调制技术将需要传输的低频信号的信息“搬移”到另外一个高频信号上。这个搬移是通过用该低频信号，即待调制信号来改变另一个高频的载波信号实现的。改变后的高频信号本质上仍然是高频信号，但是其中包含低频信号的信息，因此被称为混合信号。

调制的方式有很多种，方式之一就是用待调制信号改变载波信号的频率，这一过程被称为调频（FM）。图 15-4 的前三个子图中，自上而下地显示了一个低频的待调制信号 a，一个高频的载波信号 b，调频之后的混合信号 c。我们可以看到，经过调频，在待调制信号幅值高的地方，混合信号的频率变高；待调制信号幅值低的地方，混合信号的频率变低。混合信号本质上是一个高频信号，但是其频率包含了低频信号的信息。

另外一种方式是调幅（AM）。简单地说，调幅就是用低频的待调制信号的幅值调节载波信号。图 15-4d 显示了经过调幅的混合信号。我们可以看到经过调幅，在待调制信号幅值高的地方，混合信号的幅值变高；在待调制信号幅值低的地方，混合信号的幅值变低。这样，混合信号同样也包含了低频信号的信息。

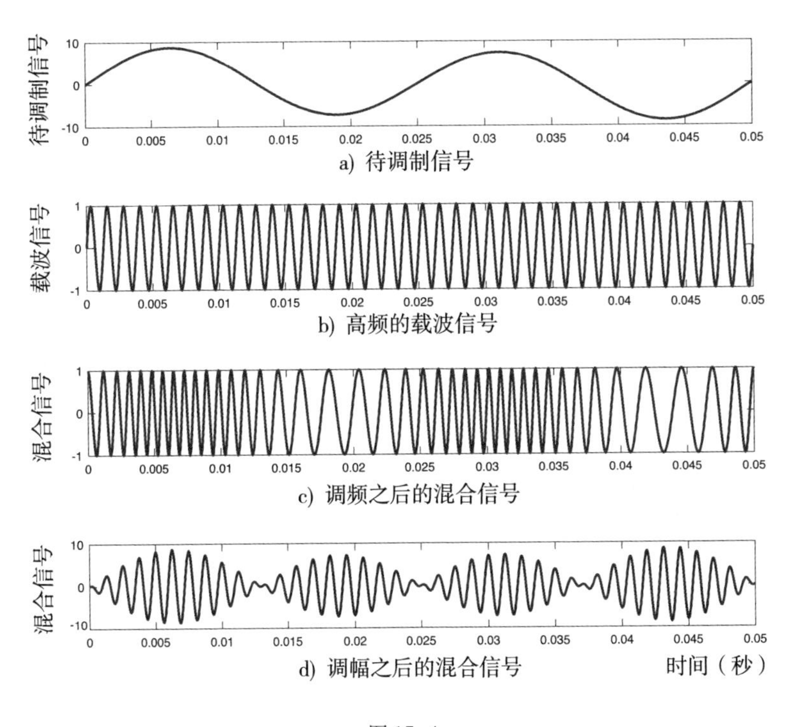

图 15-4

通过天线发射出混合信号之后，因为它是一个高频信号，所以可以远距离传播，最后到达接收端（收音机）。

收音机起到很多作用，它先对信号进行筛选，因为天空中有非常多不同频率的无线电波，如果把这所有电波都接收了，许多声音会混杂在一起，最后什么也听不清。为了设法选择需要的节目，在接收天线后会有一个选择性电路，它的作用是把所需的信号（电台）挑选出来，“过滤”不需要的信号，以免产生干扰。我们收听广播时会使用“选台”按钮完成这一过程。

选择性电路输出的是选中的某个电台的混合信号。因为混合信号在本质上是一个高频信号，所以我们必须要从这个高频信号中，把里面包含的待调制信号（也就是人的声音）分离出来。

这个步骤被称为解调。收音机的电路里有一个 LC 谐振电路专门负责进行解调。当待调制信号被分离出来后，会被送入喇叭音圈中，引起纸盆出现相应的振动，这样就可以还原主播的声音。

我们可以看出，整个过程也遵循变换的思想。我们想要把人的声音从一个地方传播到另外一个地方，直接传播往往无法到达目的地。现在借助无线技术先调制人的声音，将其变为另外一种形态（调制信号），然后传播调制信号，当调制信号到达收音机以后，再进行解调，恢复人的声音（见图 15-5）。

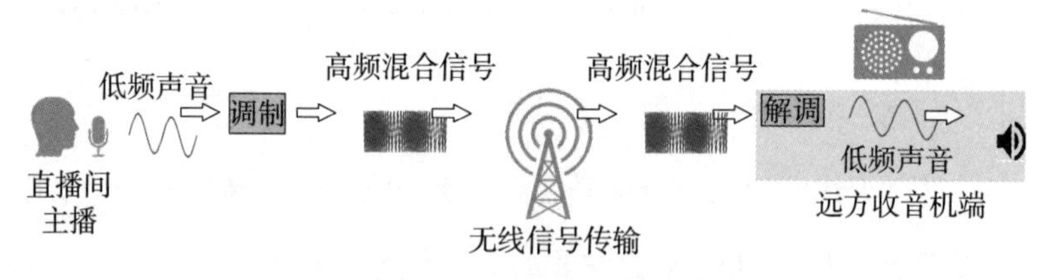

图 15-5　无线电的调制和解调

15.4 总结

今天我们从切洋葱的例子讲到了“变换”的思想。在不容易直接对某个事物进行操作的情况下，我们可以先把这个事物变成另外一个形态，如果在该形态下可以比较容易地完成这个操作，那么等做完后，再将得到的结果变换为原来的形态即可。这种思想有很多应用，包括文中举的运送物体（集装箱、高压电）、传输信号（收音机无线信号的传播）等例子。

问题不好解决，那就变换事物的形态，这就是变换的核心思想，希望你也能在生活中灵活运用这种思想，解决更多的难题。

第 16 章

模拟退火算法：为什么年轻时应该多去闯闯

经常有学生问我这样一个问题：毕业之后，是回自己的家乡还是去大城市闯一闯？是找一个自己有激情的方向创业还是选择一个稳定的工作？

在大多数情况下，我会对他们说，趁着年轻，应该去大城市闯一闯，并且应该多尝试一些职业（例如创业），而不是在年轻的时候就从事一个一眼能看到头的安稳职业。但是当你年纪渐长后，你就不应该随便跳槽了。

我今天想通过计算机领域著名的模拟退火算法来解释这个道理。模拟退火算法是解决函数优化问题的数值解法，我们先从找到函数的极值说起。例如，如果让你找到函数 $y=-x^2+2x$ 的极值，你会怎么做？

16.1　解法 1：解析解

大家最熟悉的解法是对函数的表达式求导，令导数为 0。这个方程的解就是这个函数的极值。

上面这个函数的导数形式为：

$$y'=-2x+2$$

令导数为 0，即：

$$-2x+2=0$$

表达式中 $x=1$，这就是使该函数得到极值的解。用这种方法得到的值，叫作该问题的解析解。

解析解一定是最优的，但是要找到解析解通常不那么容易。实际应用中很多函数的导数形式十分复杂，甚至函数本身不可导。因此数值解应运而生。

数值解法中最常用的方法被称为**梯度法**。

16.2 解法 2：梯度法

梯度法的核心思想就是**“找准方向，精益求精”**。我们用图 16-1 来解释这个思想，图 16-1 中的曲线，就是这个函数 y 的表达式的图像，我们想找到这个函数最大值对应的 x 的位置（灰点处）。

梯度法具体的步骤是这样的。

第一步（$k=1$）：随便猜一个 x 值。假设我猜的位置为 x_1（见图 16-1）。显然这么随便猜一个值，几乎不可能猜中最优解。没关系，当我们猜到 x_1 这个位置以后，判断下一步的方向，极值是在 x_1

的左边还是右边？这里就要用到梯度了。梯度就是函数的导数，在这个例子中，就是斜率。x_1 处的斜率是正数，这意味着增大 x 的值会让 y 值上升。

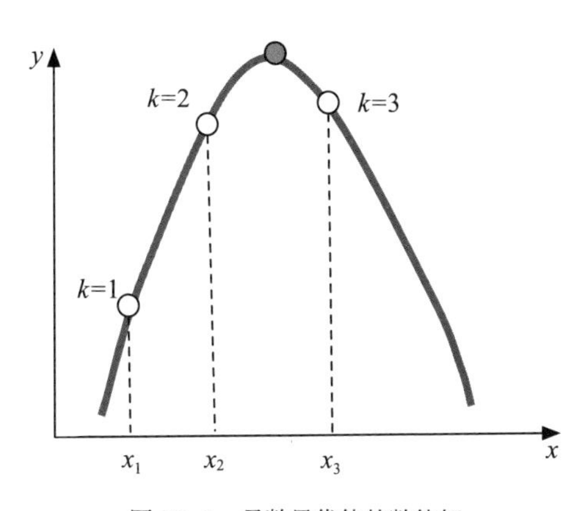

图 16-1　函数最优值的数值解

第二步（$k=2$）：我们将 x_1 往右边移一点，假设达到 x_2（见图16-1）。按照同样的方法，我们知道下一步应该继续往 x_2 的右边移，因为这样可以得到更大的 y。

第三步（$k=3$）：将 x_2 再向右移一点，达到 x_3。这时我们就会发现，按照梯度法的原则，我们应该向左移一点。

不断重复上面的步骤，我们就可以逼近最优的灰点的位置。

梯度法有很多变体，例如共轭梯度法、最速下降法，以及随机最速下降法等，都使用了梯度的思想。

可是，有些情况下梯度信息不那么容易拿到。有时候函数是一个黑箱子，虽然输入一个 x 可以拿到输出 y 的值，但是我们无法得出这个黑箱函数的表达式；或者有时候虽然可以写出表达式，但是梯度在某些点不存在；或者表达式过于复杂、很难计算，这时梯度法就不能用了。

那么，有没有不利用梯度信息就可以找到最大值的方法呢？答案是肯定的，这种方法叫作爬山法。

16.3 解法3：爬山法

爬山法的思想和一个人爬山的过程很相似。一个人在爬一座陌生的山时，只需要时刻保证自己现在的位置比前一刻高，最后就可以爬到山顶。就算法而言，每次从当前的变量 x 附近，选择一个对应的函数值 y 比现在的变量 x 更高的位置作为下一步的 x，直到 y 收敛为止。

具体表现为：每次迭代时，我们都在当前的解 x_k 周围小范围内随机取一个点 x_{k+1}，然后比较这两个点对应的 y 的值，如果新的点对应的函数值比旧的更高，我们接受这个新的点 x_{k+1}，并以此为基础进行下一次迭代。反之则反复随机选点，直至选到一个对应的 y 值比 x_k 更高的点，再进入下一轮。

我想你已经注意到，爬山法不需要计算当前解所处的梯度，只需直接比较两个函数值。

我们以图 16-2 中的例子来说明。首先，我们还是随便猜一个初

始值 x_1，然后在 x_1 周围的区间（灰色区间）内找一个比 $y(x_1)$ 更高的点。例如，我们试了几次之后，发现 $y(x_2)$ 比 $y(x_1)$ 更高。接着，我们在 x_2 的附近找一个对应高度比 $y(x_2)$ 更高的点，并在随机试了几次之后，找到 x_3。以此类推，经过多轮迭代，我们同样可以找到整个函数的最大值。

需要注意的是，相比于梯度法，爬山法因为并没有利用梯度信息，所以要付出代价：可能需要试很多次才能找到一个比上一次更优的解，降低了搜索效率。

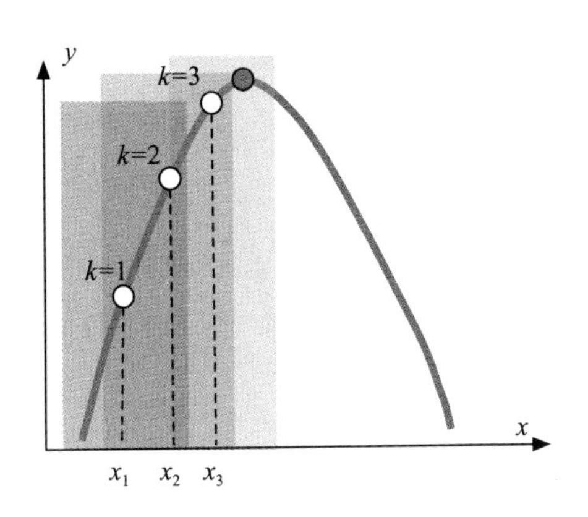

图 16-2　爬山法

16.4　爬山法的问题和解决方法

爬山法有一个很大的问题。试想一下，如果你在大雾天爬山时视野有限，那么按照爬山法，你很可能最后到达的只是一个小山坡。

虽然小山坡比其周围的位置都高，但其距离真正的山顶还差得很远。

如果站在数学的角度来说，**就是当函数的形式比较复杂时，用爬山法可能会陷入局部最高点。**

例如，图 16-3 是一个更复杂一点的曲线，因为它有两个高点，并且第二个点更高。如果初始值 x_1 以第一个高点的山脚位置为起点，经过多次迭代一定会收敛到第一个较矮的高点处，这个位置是一个局部最高点。之所以收敛在局部最高点爬不出来，是因为局部最高点比周围的点都更高。而真正的全局最高点在局部最高点右边。

不仅是爬山法，我们之前说的梯度法以及其他方法都会出现收敛到局部最高点的问题。

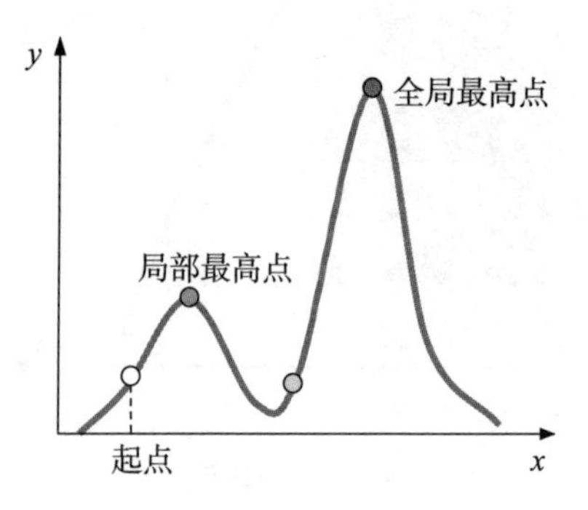

图 16-3　爬山法的问题：陷入局部最高

如何解决呢？我们还是以图 16-3 为例。算法之所以不能从局部最高点跳出来，就是因为**它每一步都试图比上一步更高**。如果在处于局部最高点时，我们可以接受其右侧位置更低的点，那么从这个点开始迭代，就可以跳出局部最高点并到达全局最高点。

换句话说，这些数值解法之所以会陷入局部最高点无法跳出，是因为它们不能接受短期挫折，每一步都追求眼前的利益。**能接受暂时的不太完美，才有可能换取一个更好的未来。**

这就好比很多人在换工作时，都要求下一份工作的工资比当前的更高。其实，如果是年轻人，如果新公司的行业前景更好，那他就应该接受当前的薪资退步，这样他在以后才能达到一个更高的高度。

16.5 如何解决该问题：用随机的方式接受不完美

我们还可以继续追问，现在问题变成：我们以什么样的方式接受不完美。

其中一种方式是引入随机。我们可以略微修改一下爬山法：即使在当前的解 x_k 周围随机找到的解 x_{k+1} 不如 x_k 大，我们也以一定的概率接受它。

从图 16-3 中可以得出，如果我们到了左边的这个局部最高点，那么这种方式可以使我们接受那个山脚下的点，跳出这个局部最高点并达到右边的全局最高点。

“以一定概率接受暂时的不完美”的外在表现，就是 **x 对应的 y 会上下跳动，而不总是一直上升**。如果接受不完美的概率较大，那么你会发现每次迭代后函数值上下跳动的随机性大；而如果接受不完美的概率很小，那么随机性也比较小，每一次迭代都会比较有规律地朝着数值更高的方向行进。

这种随机就是英国经济学家蒂姆·哈福德（Tim Harford）在其畅销书《混乱》里描述的“意外情况”。哈福德说：“意外情况会扰乱我们的日常工作或生活，但是如果我们能积极发挥创造力，便能转悲为喜。意外的出现虽然导致艺术家、科学家和工程师们从山峰跌入谷底……但是他们一旦能离开自己的山峰，来到一个新的谷底，便能化腐朽为神奇。”

我想你已经看出来了，哈福德所说的让艺术家、科学家和工程师们从一个小的山峰暂时跌入谷底，但之后可能到达旁边更高峰的意外情况，就是我们刚才说的这种随机。

在知道了应该接受暂时的不完美来避免陷入局部最高点后，现在我们还有最后一个问题要解决：这个接受不完美的概率，应该是多少呢？

16.6 模拟退火算法

20 世纪 70 年代末至 80 年代初，IBM 沃森实验室的两位科学家斯柯特·柯克帕特里克（Scott Kirkpatrick）和 C.D. 格拉特（C.D. Gelatt）在研究优化算法时，从物理学中得到了启发，发明了模拟退火算法。

我们先说说退火。大家从电视剧或电影上应该都看到过这样的情节：铸剑师在炉火中反复敲打一个烧得很红的剑胚，火星四溅。完成敲打之后把剑放进水里，只听见“呲”的一声，升起一阵白雾，然后铸剑师再磨一磨剑的表面，就有了一把削金断玉的宝剑。将宝剑丢入水中是一种金属加工环节的冷却工艺，被称为**“淬火”**。淬火过程中金属会在液体中快速冷却，内部结构会发生改变，具体来说就是会变得很硬。

淬火应该是一种大家最熟悉的冷却工艺。但除了“淬火”还有一种冷却工艺，就是**退火**。

退火的冷却速度比淬火慢得多。退火通过缓慢降低金属的温度，使金属内部组织达到或接近平衡状态，帮助金属内部释放应力、增加材料的延展性和韧性、产生特殊的显微结构等，从而获得良好的工艺性能和使用性能。

柯克帕特里克对于退火有一个洞见，他解释道，在退火过程中，材料冷却的速度会对其内部结构产生很大的影响。而在物理学中，“温度”和“随机性”是对应的：温度越高，随机性越强。**退火的过程，代表随机性从高到低的衰减。**

退火最终可以使所有的金属晶体达到完美的平衡状态，爬山算法中的随机性也是如此，随着时间增加慢慢降低。

具体来讲，在开始时，我们要接受 x_{k+1} 有较大的概率不如 x_k，这会导致开始时 x 的随机性很大，而到了后来，我们**逐步降低对不完美的概率的接受程度**，表现出来的随机性也会慢慢下降。

这就是模拟退火算法。模拟退火算法告诉我们，开始时我们要接受结果有较大的概率并不完美，而这个概率，会随着时间的增加慢慢降低。

模拟退火算法这个思想被柯克帕特里克和格拉特发表在 1983 年的《科学》杂志上，文章的标题为“基于模拟退火的优化算法”（Optimization by Simulated Annealing）。模拟退火算法的应用效果令人吃惊，而在这篇文章中，作者用模拟退火算法设计出了更好的芯片布局，现在模拟退火算法成为优化算法中的经典算法之一。

16.7 模拟退火算法带来的启发

前文讲述了解析解、梯度法、爬山法和模拟退火算法。

我们知道了在爬山法中，如果每一步都追求比前一步要好，容易陷入一个局部最高点。要想解决陷入局部最高点的问题，一个直接的方法就是引入随机性：以一定的概率接受暂时的不完美。

模拟退火算法则告诉了我们更细节的东西，即这个接受不完美的概率。具体来说，初始时，这个概率可以很大，然后这个概率应随着时间增加慢慢降低。

回到最初的那个问题。为什么年轻时应该去大城市闯一闯，并且应该多尝试一些职业呢？

人生其实是一个寻找最优解的过程。一开始谁都不是完美的，但是我们可以不断努力提升自己，最后的目标是达到自己可能到达的最优位置。

这个过程和我们上文提到的梯度法和爬山法中蕴含的思想是一致的。

在不断进步的过程中，你会很自然地要求自己在人生中新迈出的每一步都比前一步更好。例如很多人在换工作时，都要求下一份工作的工资比现在更高或更稳定。

这种选择看起来很自然，但是算法告诉我们，要求新迈出的每一步都比上一步更好的策略，容易让自己陷入局部最高点：你选择一个工资更高或更稳定的行业，可能会导致你错过另一个虽然现在看起来不太稳定，但是发展潜力巨大的行业。

解决的方法是引入随机性：以一定的概率接受暂时的不完美，就可以有效避免陷入局部最高点。这种随机性对应着去大城市闯一闯，尝试各种职业，进而找到自己的兴趣、发现自己的潜力，而不是安安稳稳地一生只从事一个职业。

而模拟退火算法则进一步告诉我们，这个随机性应该随着你的年龄慢慢降低。当你年轻时，你可以让这个随机性较大，充分探索外界，让自己接受暂时的不完美，从而避免陷入局部最高点，并且在将来跃上一个更高峰。而在年龄渐长、知道自己最适合什么后，你就要控制随机性，在自己最适合的地方深耕，不轻易切换赛道。

$$\begin{cases} x_1 + x_2 = 200 \\ 2.05x_1 + 2x_2 = 405 \end{cases}$$

$$\mathrm{d}f(t) = \mathrm{d}t \cdot \alpha f(t)$$

$$f'(t) = \alpha f(t)$$

$$f'(t) \Rightarrow sF(s) - f(0)$$

$$\alpha f(t) \Rightarrow \alpha F(s)$$

$$\begin{cases} x_1 + x_2 = 200 \\ 2.05x_1 + 2x_2 = 406 \end{cases}$$

$$(B|A, C) = P(B|C)$$

$$\frac{\mathrm{d}f(t)}{\mathrm{d}t} = \alpha f(t)$$

$$y = a + bt + ct^2$$

$$\begin{cases} x_1 + x_2 = 200 \\ 2.04x_1 + 2x_2 = 405 \end{cases}$$

$$W = F\Delta x = \frac{1}{2}k(x_1 + x_2)(x_2 - x_1) = \frac{1}{2}k(x_2^2 - x_1^2)$$

$$x_1 = \sqrt{\frac{2W}{k}}$$

学习篇

$$P = I^2R$$

如何学习和表达

$$\begin{cases} x_1 + x_2 = 35 \\ 2x_1 + 4x_2 = 96 \end{cases}$$

$$F = \frac{1}{2}kx_1$$

$$\min_{m} \quad W_{总}$$
$$\text{s.t.} \quad x_n \geqslant L$$

$$\begin{cases} x_1 + x_2 = 200 \\ 2.05x_1 + 2x_2 = 405 \end{cases}$$

$$1 - \left(1 - \frac{1000}{36^6}\right)^n = 0.1$$

$$E_{总} = \frac{1}{2}kL^2$$

$$P(A, B|C) = P(A|C) \cdot P(B|C)$$

$$y(t) = \int_{-\infty}^{\infty} f(\tau)g(t - \tau)\,\mathrm{d}\tau$$

$$J(k, b) = (k+b-10)^2 + (2k+b-11)^2 + (3k+b-15)^2 + (4k+b-19)^2 + (5k+b-20)^2 + (6k+b-25)^2$$

$$(1 - 0.9)^2 = 1\%$$

第 17 章

怎样读书看报才能进步最快

17.1 看《甄嬛传》的别样方式

我有一个共事多年的同事，我发现他想问题、做事情都比较周全，一些观点经常能给我启发。有一次我问他："透露一下，你是怎么想得这么深的？"他半开玩笑地对我说："我经常陪我老婆看一些像《甄嬛传》《康熙王朝》这样的电视剧，这些电视剧看得多了，人情世故就懂得多了。"

我听完很疑惑。我有时候也看电视剧，可是我看电视剧主要为了放松。当看到好的电视剧时，我会被剧情的跌宕起伏带动，时而激动，时而紧张，总之感觉很"爽"。但是说实话，我从来没有想过能通过电视剧提高自己在现实生活中的处事能力。我将自己的疑惑告诉他，他笑了笑又和我说了下面这段话。

他说："我看电视剧的方式和其他人不一样。例如看《甄嬛传》，我和我老婆经常在甄嬛遇到某个危机时把电脑暂停一下，然后讨论一下，如果我们是甄嬛，要如何解决当前的难题。讨论完再接着播放，看看电视剧里甄嬛是如何做的。这样一对比，就知道我们和甄嬛之间的差距在哪里了。这样的讨论多了以后，处理问题的水平自然而然就提高了吧。”

仔细思考一下可以发现，我同事这种看电视剧的方式有两个特点。一是**主动预测**，他不会被情节牵着走，而会在某些时刻主动针对问题进行思考，给出自己的解决方案。二是**从差距中学习**，我同事给出的方案，很可能和剧情中人物的方案有差别。他会根据这个差别反思自己，看看自己思维中的漏洞，从而提升自己的思维能力。

注意，第二个特点建立在第一个特点的基础之上。只有主动给出自己的预测方案，才能用剧情人物给出的方案和自己的进行对比，提高自己。

而现实中的大部分人，包括我自己，看电视剧都只是为了放松和解压。但是“放松、解压”的另一面是“被动”：我们总是被剧情牵着走，电视情节是什么，我们就接受什么。不用思考让人感觉很轻松，看完剧也很爽，但是除了“放松、解压”，看剧并没有让我们在认知水平和思维层次方面有任何进步。

有人会说，我看电视剧不就是为了解压吗？你同事看电视剧的方式太累了，至于这样做吗？

也许这种说法是有道理的，为了放松而看电视剧也无可厚非。但如果是读书呢？虽然有人读书就是为了放松，但是在很多情况下，读书更是为了从书中获取知识，得到进步和提升，而不单纯是为了放松。

如果你是一个研究生或科研工作者，你就需要更仔细地思考这个问题了。做科研，首先需要读大量的学术论文，而读学术论文的目的绝对不是放松和解压，况且大部分论文在看的过程中都让人不那么“爽”。如果你用看电视剧的方式看论文，那么我可以负责地告诉你，你看完绝大部分论文后，除了钦佩作者的聪明才智，最有可能收获的是因感觉自己的智商不如他人而产生的挫败感。

那么，怎样读书、读论文才能让我们有更大的收获呢？我们能否借鉴我同事看《甄嬛传》的方式呢？

17.2 如何读学术论文

我在我国香港特别行政区工作期间，组里的导师经常会和我们聊天，比如聊一些我们领域中优秀的人的工作方式。有一次谈到一个国外的老师，他每年都在顶级的会议和期刊上有稳定的输出。有人问他如何做到这么高产，他提到了一个自己的工作方式。

我们知道，国外每年大概都有一个月的假期。在休假之前，这位老师会把当年该领域的相关学术论文全都打印出来，然后跑到深山的一个度假村里，每天研读打印出来的论文。

关键在于，他读论文时并不是把论文从头到尾地读下来，而是看到了这个论文要解决的问题之后，立刻把论文扔在一边；然后开始思考这个问题，并拿出一张白纸把自己的解决方案、推导过程写下来。

最后，他把自己的答案和文章中给出的方案进行比较，从而获得灵感和启发。很多时候，他给出的方案甚至比手头的论文还要好，这时候他就把这个点子整理出来，投到会议和期刊上发表。

我们注意到，这个人看学术论文的方式和上面我同事看《甄嬛传》的方式的本质特点是一样的。他会“主动预测”：看到一个问题时，不是着急看其他人怎么解决，而是先自己提出一个方案。他也会“从差距中学习”：把自己的方案和论文中的方案进行对比，从中提高自己。

由此可以看出，**“主动预测 + 从差距中学习”**是一种很好的学习方式。

17.3 监督学习

前两节讲的两个例子和机器学习中的一种被称为监督学习（supervised learning）的学习方式不谋而合。

监督学习是最常见的机器学习方式之一，它的训练数据集是有标签的，训练目标是给新数据（测试数据集）提供正确的标签。

例如，机器学习可以通过训练一个模型判断一张动物图片中动物的种类。首先，我们要先找一组动物图片作为训练数据集，这个数据集中的每张图片上都有对应的动物种类（又被称为标签）。这个标签就相当于标准答案。

接下来训练模型的过程大概是：开始时，我们拿一个初始模型对训练数据集中的某张图片的种类进行判断。因为模型不完善，所以其预测结果很可能和真实种类不符。如果模型判断错误，我们就用某种算法调整该模型的参数，让调整后的模型的输出尽量和真实的标签一致。这样，我们用训练数据集中的图片不断调整模型的参数，直到该模型对训练数据集的图片进行的判断可以很好地符合对应的标签为止。

我们可以发现，监督学习这一模式的原理和前两节中的学习方式完全一致。监督学习有“主动预测”：模型首先要对训练图片的类别进行判断。同样也有“从差距中学习”：模型会根据自己的判断与真实标签的差距不断调整自己的参数，直到自己的判断接近真实标签。

所以说，不管是看电视剧还是读论文，要想快速提高水平，都应该用“监督学习”的方式：主动对问题进行预测，从差距中学习。

17.4 快速看书

最后我们来思考这种方法如何帮助我们快速看书。

科普专栏作家万维钢在他的“精英日课”里，提到美国乔治梅森大学著名经济学教授泰勒·科文（Tyler Cowen）有着惊人的看书速度。科文教授看一页书的速度几乎和别人看一个标题的速度一样。而且看完书之后，他确实能够知道书中的思想。

科文看书这么快的秘诀是什么？他在一篇文章中回答了这个问题。他说："要想看书快，你得看过很多书。在你看过很多书之后，你就可以预测你手里这本书的下一页讲的是什么。"

万维钢进一步解释说，真正资深的读者，读同一领域内的书肯定是越读越快。他们能够一眼发现新的东西，抓住重点，知道这本书在这一领域内处于什么位置，做出了什么新贡献。其实这种思想就符合监督学习的"主动预测＋从差距中学习"。

如果我们仔细分析一个资深读者的看书方式，会发现他的看书速度通常是动态调整的：

"嗯，这个问题我知道，应该从 A 角度去分析和解决。"

然后他会扫一眼作者后文中提供的解决方案，看看有没有 A 角度的关键词："没错，出现了 A 角度的关键词，和我的预期相符，跳过，看下一个问题！"

"这个问题我不太熟，我觉得解决方法应该是 B。"

往后看，"嗯，里面没有 B 方法的关键词，我仔细看看，他竟然用了 C 方法，这个方法我没有考虑到，值得好好想想"，于是放慢速度仔细思考。

如果一个资深读者读的书多了，脑子里的知识已经融会贯通，那么在大部分情况下，他都可以准确地猜中作者的解决方案，读书的速度也自然会越来越快。如果是初入某个领域的读书人，他看到什么都觉得充满新奇和陌生，必定读得很慢。

但不管是哪类读者，一个好的读者在阅读时都应该选择监督学习，主动预测，并且从差距中学习。好的读者可以随时根据预测的正确与否调整速度：预测正确的就快速扫过，错误的就慢慢体会，这才是主动的学习。

17.5 总结

本章我们谈到了一种让人更高效地看剧、读书和读论文的方法。这种方法的核心和机器学习中的监督学习类似，两者都是主动针对问题给出自己的答案，然后参考电视剧和书本中给出的答案，从差距中反思，进而提升自己的能力。

这种方式的重点在于“主动”，只有主动思考，你才不会被你看的电视剧、你读的书牵着走，才能快速进步。

第 18 章

好的学习方法论：机器学习模式给我们的启发

作为一名大学计算机学院的老师，在用几年时间对很多大三的学生进行观察后，我发现了一个分化现象。

那些打算读研或保研的大三学生，会非常重视上课。他们会把书本上的公式背得滚瓜烂熟，反复做习题，以期待在期末考试中能够有好成绩。有了好的成绩，平均学分绩点（Grade Point Average，GPA）高了，在保研或研究生面试中就会有很大优势。

而那些不打算读研的学生，会把大部分精力放在找工作上，有些人甚至花了一年的时间反复做公司的面试题。他们对于大学课程通常抱着及格即可的态度。

这个现象本身无可厚非，我也能理解。可是，有没有人认真思考过一个问题，**大学究竟应该学什么？**

要想回答这个问题，我们首先需要明确上大学的目的。

一个学生不可能一直待在大学里，他迟早要进入社会，因此很自然的，**上大学的一个目的就是帮助大学生在进入社会前更好地适应将来的工作。**

然而，大学的课程设置有时看起来并不完全向这个目标迈进。以前的大多职业都有学徒，学徒通常从小开始学习一项技能，并且每天都会练习，他们每天所学通常都直接和他们要从事的行业相关，都是将来在行业中会用到的技能。

大学生则不同，大学开设了很多门课，而大部分的课可能和学生将来从事的行业并不相关。以我教的计算机专业为例，如果一个计算机学院的学生将来会去互联网公司从事与算法相关的工作，那么他的一些专业课，例如计算机组成原理、机器学习导论、算法设计与分析等，的确和他将来的工作有些关系。可是例如工科数学分析、基础物理、离散数学、博雅、经济管理等课程，好像和他将来从事的专业并不相关。另外，如果他将来改变想法准备从事其他工作，那么这些课程可能更用不上了。

也就是说，一个人在大学里学习的大部分课程，可能都和他未来在工作中要做的事情不相关。那么，这些课程究竟对他的将来有什么用呢？如果抛开为了保研或考研而努力学习这些课程的情况，我们又应该以怎样的态度对待这些课程呢？

关于这个问题，我们可以从人工智能中得到一些启发。

人工智能在近几十年内发展得如火如荼，涌现了包括“多任务学习”“迁移学习”“强化学习”等多种学习算法。这些学习算法让一个模型具有强大的智能。如果我们仔细研究，就会发现这些算法背后体现了各种不同的学习模式。这些学习模式可以为我们回答上面的这个问题提供一些启发。

我们从最简单的单任务学习（single-task learning）说起。

18.1 单任务学习

传统的机器学习，通常都是通过训练让某个模型能够完成一个特定的任务。例如，图像识别任务，是让模型能够识别一幅图像的类别；文字识别任务，是让模型能够识别文字背后的语义；语音识别任务，是让模型将语音转化为文字，等等。

给定某个任务之后，训练模型的过程大概如下。首先，会以随机的方式产生一个初始模型，这个初始模型通常不能很好地完成给定任务。然后，我们会不断给这个模型“投喂”训练数据，同时会有一个“学习算法”不断根据模型在训练数据中的表现调整模型内部的参数，让调整后的模型变得更好。训练完以后，该模型就可以很好地完成指定的任务了。

举一个图像识别的例子。比如，我们想用一个模型来自动识别一张图片到底是猫还是狗。

我们先找到一个初始模型，这个初始模型可以是随机产生的。我们也可以直接借用别的模型。用初始模型来分辨猫和狗的效果通常都不好，不过没关系。现在我们有一堆猫狗的图片，并且知道如何正确给每张图片分类，区分图片上是猫还是狗。这些图片会作为训练数据提升模型的性能。具体而言，我们会把这些图片提供给这个初始模型，看看它做出的判断是否正确，并且在此基础上用“学习算法”不断调节模型的参数，最后让这个模型输出的分类尽可能和图片对应的真实分类一致。这样训练就算结束了。

完成训练的模型因为见过了那么多的训练数据，并且对于大部分训练数据都可以给出正确答案，所以对于一张不在训练数据内的图片，也很有可能会给出正确答案。

在上面的例子中，学习算法利用训练数据不断调整模型，以此很好地完成某个事先指定的任务。注意，一个模型只完成一个指定的任务。我们把这些能够训练某个模型完成单个任务的学习算法，称为**“单任务学习算法”**。

回到大三学生的例子。如果我们把“学习课本知识”和“学习工作技能”当成两类任务，那么那些计划读研、全力集中于学习课本知识与学校考试并基本放弃为将来的工作做准备的学生，专注于第一类任务。而那些不打算读研，把全部的精力集中于公司面试题，学流行的编程语言并基本放弃大学课程的学生，则专注于第二类任务。但这两类人本质上都是在进行单任务学习。

单任务学习存在缺点。那些把全部精力放在“学习课本知识”的学生虽然能在 GPA、保研、考研面试上占一定优势，但是很少去想自己将来可能从事的工作具体要做什么。他们中的很多人在毕业时对于自己将来要做的工作没做好充足准备。

同样，那些把全部精力放在“学习工作技能”上的同学，会因为放弃“学习课本知识”而错过很多能够在未来的工作中帮助他们的好课程。

也就是说，虽然“单任务学习”看起来是让你集中精力做一件事，但是单独聚焦于某一件任务，对于一个人的培养而言并不是最好的方式。我们还需要更好的学习方式，比如多任务学习（multi-task learning）。

18.2 多任务学习

在单任务学习中，一个模型一次只完成一个任务。如果要完成多个任务，那么最直接的方法是分别训练多个模型，用多个模型完成多个任务。但是这种分别为每个任务训练一个模型的方式，**忽略了任务之间的相关性。**

实际应用中，很多任务之间是有相关性的。例如，在自动驾驶中，处于自动驾驶状态的车辆通常都有识别周围车辆、行人和交通标志这三个任务。我们可以分别训练三个不同的模型，使其分别识别周围的车辆、行人和交通标志。

但是，我们注意到，“识别周围车辆”“识别行人”和“识别交通标志”这三个任务之间是有相关性的。例如，车辆通常在机动车道行驶，行人在人行道走路，人行道通常会在机动车道的右侧，车辆和行人都要遵守对应的交通信号灯，等等。这几个任务之间的相关性意味着，若某个模型可以很好地完成“识别车辆”的任务，那么它应该可以帮助“识别行人”以及“识别交通标志”的模型完成它们的任务，反之亦然。

之前的那种单独训练多个模型、每个模型负责一个任务的方式，没有利用任务之间的相关性。如果我们把完成不同任务的多个模型放在一起训练，充分利用任务之间的关系，就有可能让最后训练出来的每个模型都比单独训练出来的相应模型表现得更好。

这就是机器学习中的**“多任务学习”**。多任务学习中设计了很多种模式来利用多个任务之间的相关性，其中一种模式是让多个模型共享一部分参数。以图 18-1 为例，有三个模型的任务分别是识别行人、识别车辆和识别交通标志。这三个模型的底层参数是共享的，而后面几层的参数则是独立、变化的。这样在训练的过程中，多个任务之间通过三个模型共享的底层参数达到互相帮助的目的。

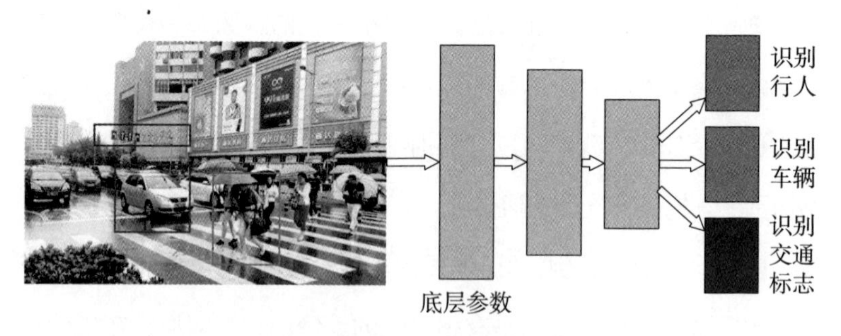

图 18-1　多任务学习

多任务学习在生活中也有很多例子。

唱歌就是一种多任务学习。如果让一个人单独背诵某一首歌的歌词或单独背诵旋律，可能都不那么容易，但是把两个任务放在一起训练，这个人反而可能背得更快。因为歌词和旋律是相关的：当你的脑子里出现歌词时，会涌现出旋律；同样，记住旋律时，会涌现歌词。唐代的著名诗人王维也通过多任务学习在许多领域成为一个高手。王维精通诗、书、画、参禅。苏轼评价他："味摩诘之诗，诗中有画；观摩诘之画，画中有诗。"王维的诗帮助他作画，画帮助他写诗，他的佛学造诣也在诗、画中起到了重要作用。

我们也可以从多任务学习的角度来解释为什么现在教育需要"德、智、体、美、劳"全面发展。

很多家长最重视孩子的学习，学习似乎成了孩子唯一要完成的任务。可是，如果一个家长只关心孩子的学习而不关心其他方面，那么可能导致的结果是事与愿违：孩子不仅会在其他方面有所欠缺，可能在家长最重视的学习方面也会出问题。举个例子，孩子因缺乏锻炼而身体不好，这肯定会耽误他的学习。此外，如果孩子没有正确的三观，那么他的学习动力也会不足。

因此，要想培养一个孩子，通常需要同时进行多个任务。例如，我们要求孩子做到"德、智、体、美、劳"全面发展。这五个目标之间相互关联，它们在底层有相通之处（例如都需要坚毅的性格，良好的习惯，等等）。由于多个目标之间存在相关性，用多个目标训练出来的孩子，通常都会比用单个目标训练出来的孩子更优秀。

回到大学生学习的问题。虽然“课本知识”和“工作技能”不完全相同，但是考虑到这两个任务之间有一定相关性，如果用多任务学习的模式同时训练这两种任务，可能会起到“1+1>2”的作用。例如，学习当前的课本知识，可以更好地为一个人的未来工作做铺垫；同样，如果学习一些将来会用到的工作技能，反过来也可以帮助他更好地了解当前课本知识的真正用途，从而加深对课本知识的理解。

我们需要注意，在经典的多任务学习中，多个任务的重要性是相同的。多任务学习的目的是提高模型在**所有任务**上的平均性能。

但是，大学的终极目的，应该是帮助大学生更好地适应将来的工作，而不是“学习课本知识”。“学习课本知识”和“学习工作技能”这两个任务的重要性不同。

因此，我们需要对某个任务有侧重的进行训练，即进行迁移学习（transfer learning）。

18.3 迁移学习

通俗来讲，迁移学习就是把在某一个领域学到的知识，用于帮助另外一个领域内的任务更好地完成。为了方便理解，迁移学习把第一个领域称为“源领域”，第二个领域称为“目标领域”。迁移学习希望能够把在“源领域”中学习到的知识运用到“目标领域”中。

人其实很会做迁移学习，如果你会骑自行车，那么你学骑摩托车、骑电动车会更容易；如果你会打羽毛球，那么你学打网球就会很轻松；如果你会蛙泳，那么你学习自由泳的速度一定会比一个不会游泳的人更快。

迁移学习是近十年人工智能领域的热点之一。深度学习模型的训练需要大量的、有良好标注的数据，但在实际应用中，有的领域有充足的数据，而有的领域没有。因此把那些在训练资源丰富的领域内学习到的知识用于另一个训练资源并不丰富的领域，是一个十分迫切的需求。

例如，现在对于自然图像上的分类任务，已经有像大型可视化数据库（ImageNet）这样大规模且标注情况良好的数据集，并且在此基础上已经训练出很多精度很高的模型。但现在我们想要训练一个高精度的医疗影像分类模型却不是一件容易的事，医疗影像的采集成本高，数据很难标注，因此数据集的规模较小，在这些医疗数据集中训练的分类模型的精度也会受到影响。利用 ImageNet 这样大规模的自然图像数据集来更好地实现医疗影像的分类，就是迁移学习要做的事情。

迁移学习的难点是克服源领域和目标领域之间存在的差异。以医疗影像处理为例，自然图像和医疗影像肉眼看上去区别很大。如果直接通过用自然图像训练好的模型处理医疗影像的分类任务，效果一定不好。

迁移学习领域的研究人员发现，想把源领域的知识“迁移”到目标领域，关键在于找到这两个领域之间的“共性”。

以游泳为例。如果你学会了蛙泳，那么你学习自由泳的速度一定会比一个不会游泳的人更快。这是因为“蛙泳”和“自由泳”的游泳姿态虽然不一样，但是在换气以及游泳时身体的协调感、水感等方面存在共性。你学会了蛙泳，自然掌握了这些共性，你学自由泳也就更容易。

我读大学时，一位教授在介绍迁移学习时举了驾驶员开车的例子。我们知道，在中国汽车靠右行驶，而在澳大利亚等地的汽车靠左行驶。如果一个国内的人去澳大利亚自驾游，怎样避免自己逆行呢？

关键点在于找到两个国家在驾驶方面的共性。在中国，驾驶的位置在汽车左侧；而在澳大利亚，驾驶的位置在右侧。这样，我们就可以找到一条共用规则：**不管在哪里行驶，驾驶员都要让自己的位置比副驾更靠近道路的中心线。**在国内，左驾的车要在道路右侧行驶，这可以让驾驶员比副驾更靠近道路中心线，如果跑到道路左侧了，那么驾驶员就比副驾离中心线更远了。在澳大利亚，右驾的车要在道路左侧行驶，驾驶员同样会比副驾更靠近道路中心线。当我们挖掘出这条共性时，驾驶员就可以很容易地将驾驶习惯顺利地从一个国家“迁移”到另一个国家（见图 18-2）。

右驾在道路左侧行驶，可以让驾驶员比副驾更靠近道路中心线

a)

左驾在道路右侧行驶，可以让驾驶员比副驾更靠近道路中心线

b)

图 18-2　迁移学习

迁移学习就是通过自动挖掘源领域和目标领域之间的“共性”，实现知识从源领域到目标领域的迁移。

共性有很多类别，我们可以按照共性的类别将迁移学习分为几类。第一类是**“基于示例的迁移学习”**（instance-based transfer learning）。虽然源领域和目标领域的数据总体看起来不一样，但是源领域中的某些数据样本很可能和目标领域中的比较相似。这时候，如果我们在源领域中找到这些数据，并在训练时重点关注这些数据，让模型尽量对这些数据进行正确的分类，那么在经过这样的校准后，从源领域上得到的模型在应用于目标领域时效果就会比较好了。

第二类是**“基于特征的迁移学习”**（feature-based transfer learning）。

在机器学习中，模型总是先对数据（例如图像等）进行处理，提取数据的“特征”，然后基于特征完成各种给定的任务（例如分类等）。因此，如果我们能找到源领域数据和目标领域数据之间的一些共性特征，就更能把源领域中的知识用到目标领域。

第三类是**“基于模型的迁移学习”**（model-based transfer learning）。用于图像识别的深度神经网络是有分层的。研究人员发现，神经网络中更靠近输入的一些分层，识别的主要是物体的轮廓、曲线、线条等基本特征，这些基本特征通常和任务或领域无关。而更靠近输出的分层才和具体的任务或领域相关。比如，现在我们用大量的猫和狗的图片训练出一个可以区分猫和狗的深度神经网络，那么这个神经网络更靠近输入的几层，同样可以帮助我们很好地完成区分牛和马的任务。这样，我们可以把在源领域训练中得到的模型中更靠近输入的几层参数固定下来，目标领域的数据只用来训练剩下那些层的参数。

回到大三学生的例子。根据大学的目的，学生应该把重心放在如何将当前在学校中学习的课本知识迁移到将来的工作中。

如果利用迁移学习中“基于示例的迁移学习”这一思想，那么一个人的学习方式应该是这样的：首先找到某些与将来的“工作技能”密切相关的“课本知识”，然后在上课学习的过程中为它们设定更高的权重。例如，如果一个人将来打算从事人工智能算法方面的工作，那么“算法设计与分析”“智能计算导论”“线性代数”“概率统计”等课程就会和他要从事的工作密切相关，这些课程中蕴含的知识就是共性。然后，他应该重点关注这些课程并更用心地学习。这样他的“课本知识”就可以更好地迁移到将来的工作中。

如果利用“基于模型的迁移学习”这一思想，那么他在上课学习的过程中，应该有意培养一些很容易扩展到将来“工作技能”中的底层能力。

例如，不管将来从事什么工作，都需要有**理解能力**。如果你是团队的领导，你需要理解自己的团队和用户，你需要知道不同的人对某一事物有不一样的看法，你要能够倾听和你相反的观点。如果你是一个产品经理，你需要理解你负责的产品，比如它的特点，它和市场上其他类似产品的区别与关系。你还需要理解用户的诉求和负责开发产品的工程师。

因此，一个大学生如果有意培养自己的工作技能，他应该通过课堂学习来重点培养自己的理解能力。他不应再纠结于哪些课的内容和工作技能密切相关，而应试图通过学习每门课，充分锻炼包括理解能力在内的这些底层能力。

例如，通过“宗教与社会文化”这门课，你可以分析宗教的起源、社会文化的发展和二者之间的关系。你可以分析宗教、社会、文化，分析多方的诉求、动机和利益共同点，以及它们之间存在什么冲突，冲突如何解决，等等，这让你能站在一个更高的维度看待很多看上去复杂的问题和现象。同样，“法律、科技与社会”这门课也有利于培养一个人的理解能力。你需要理解法律对科学技术发展的作用，科学技术对法律的影响，以及这两者对社会发展的影响。

将来在工作中，你还需要用到的一个底层能力就是**表达能力**。例如，在公司，可能你所在的团队在完成了某个重要的项目之后，通常需要和领导汇报情况，让领导知道团队的工作对公司很重要，团队的人员能力很强，领导应该给团队更多的资源。要想达到上面的目的，就需要汇报人具有较强的表达能力。

因此，在大学里，一个学生需要有意识地培养自己的表达能力。现在很多老师都会在课堂上和学生进行交流，这时候你就需要积极主动地表达自己的观点。很多学生会在本科阶段就进入实验室做科研，如果是这样，在每周实验室的组会上也要把自己的 PPT 做好，借此机会清晰地表达自己的工作。这些都是培养表达能力的重要手段。

除了上面的理解能力、表达能力，还有分析问题的能力、解决问题的能力等，这些都是将来可以迁移到各个领域的底层能力，都应该在大学里有意识地进行培养。

我们之前介绍的多任务学习和迁移学习有一个共性：关心的都是**模型当下与完成给定任务有关的技能。**

如果一个学生选择使用多任务学习，他会同时学习“课本知识”和“工作技能”，并利用这两个任务之间的相关性更好地完成这两个任务。用多任务学习训练完，**“当下的他”**就具有了同时较好地完成两个任务的能力。

如果一个学生选择使用迁移学习，通过挖掘“课本知识”和“工作技能”之间的共性，就可以让他当前学习的“课本知识”更好地为“工作技能”服务。用迁移学习训练完，**“当下的他”**就具有了更好地掌握“工作技能”的能力。

注重当下的优点，就是让人在当下能够立刻走上正轨。但是缺点也很明显，用这种方式培养的人，潜力不一定高。

现在有很多 IT 职业教育机构，他们专注于培养能够立刻用上的技能。例如，一个在编程方面零基础的人，经过这些培训机构几个月的培训后，就可以熟练地用某种编程语言来编写代码。另外，这些职业教育机构非常关注前沿的事物，哪种编程语言更受欢迎，他们就会立刻给学员安排对应的课程。

而高校则不同。世界上很多高校的计算机专业并不会直接开设特别多的和编程相关的课程。和 IT 职业教育机构相比，高校计算机专业的特点就是课程多而杂，每个学生都要完成将近 50 门甚至更多课程的学习和考试，这些课程中包括很多人文、经济、数理等方面的内容。

那么，IT 职业教育机构培养的人和高校计算机专业培养的人有什么区别呢?

我们来看一个例子。假设近两年一个新的编程语言很火，非常受各公司的欢迎。现在有两个人，一个人在 IT 职业教育机构里专门接受了关于该编程语言的、为期半年的培训，另一个人则在高校的计算机学院学习了四年，但是根本不了解这种编程语言。现在让这两个人坐下来，用该编程语言完成一个任务，那么很显然，第一个人肯定会比第二个人完成得好。但是如果给他们一段时间来熟悉这个语言然后再进行测试，那么第二个人很有可能会做得更好。

第一个人虽然可以立刻上手，但是潜力不如第二个人。IT 职业教育机构培养的人虽然可以在“当下”解决很多问题，但是高校培养的人潜力更大。

我们要想像高校那样培养人的潜力，需要另一种学习方式，它就是元学习（meta-learning）。

18.4 元学习

元学习是人工智能领域近几年发展起来的一个方向。简单来说，元学习就是让机器**学会如何学习**。

不管是单任务学习、多任务学习还是迁移学习，都是通过训练让机器学会完成一个或多个指定任务。通过训练，机器“当下”就具有了完成某个任务的技能。

而元学习是通过训练让机器具有好的学习能力。这样出现一个新的任务时，虽然机器“当下”不能很好地完成该任务，但是只要给其一点点时间进行训练，它就可以非常好地完成这个新的任务。

例如，经过元学习，在没有猫的训练集上训练出来的一个图片分类器，可以在看过少数几张猫的照片后，分辨出一张新的照片中有没有猫。通过元学习，一个仅在平地上训练过的机器人可以快速在山坡上完成给定任务；通过元学习，一个玩游戏的 AI 可以快速学会如何玩一个从来没玩过的游戏。

类比对人的培养，如果用元学习的方式训练一个人，那么他就掌握了一套好的**“学习方法论”**。

学习方法论是指一个人在学习时所使用的方式、思维模型和章法。

例如，现在有一个任务是让一个人用他之前没学过的一种编程语言来编写一个程序，不同人完成这个任务的方式是不一样的。

有些人的方式是：找到一本针对该语言的图书，从头到尾地读一遍，然后做书后习题，等到自己对该语言烂熟于胸后，开始根据任务来编写这个程序。

而另一些人的方式是：先大致了解该语言的语法，然后在网上找到和任务功能相似的代码，开始读这个代码，并在此基础上编写、调试，遇到不懂的地方，直接去查该语言的语法。

这就是两种不同的学习方法论。这个例子中，第一种完成方式总结起来是“先学习、再实践”，第二种完成方式则是“在实践中学习”。一个优秀的程序员，通常都会选择第二种完成方式。

我们可以看出，“技能”和“学习方法论”有两个区别。

第一个区别在于关注的时间点。**"技能"着眼"当下"，"学习方法论"着眼"未来"**。在某个指定的任务中，拥有和任务相关的技能可以让你即刻着手进行该任务，而学习方法论并不能让你即刻着手进行该任务，而是需要你先学习一段时间。但是掌握了学习方法论的人只要稍加学习，就可以很好地完成任务。

第二个区别在于通用性。"技能"通常是针对某个特定的任务而言的，而"学习方法论"则可以应用于多个不同的任务。

在上文的例子中，职业教育机构和高校相比较，前者是在培养技能，经过职业教育机构培训的人进入公司后，通常可以立刻熟悉工作。而高校并不太注重培养"当下可用技能"，更注重教授一套好的"学习方法论"。学生掌握了"学习方法论"之后，不管他将来做的是什么工作，他有没有了解过相关的具体工作内容，只要他经过短时间的学习，都会很容易上手掌握。

如何判断一个人是否有潜力？我们同样可以通过"关注的时间点"和"通用性"这两个角度来衡量。

例如，一个公司如果想在面试时招到一个有潜力的员工，就不应该只观察这个人在做面试题时的表现。如果只通过面试题的成绩好坏来招人，那么招到的通常是当下具有某种技能的员工。要想招到一个有潜力的员工，有一个很简单的方法，就是给这个面试者一段试用期，并且在试用期中给他多个他之前没见过的任务，让他自己去摸索，最后看看他的综合表现。

综合表现好的人，一定掌握了好的学习方法论，借用学习方法论，他经过短时间的学习就可以比较好地完成多个不同的任务。他比那些仅仅在面试时表现好的人更有潜力。

之前我读博士后时的导师也是用这种方法来招博士生。对于一个满足了基本条件的学生，他会给学生一个研究课题和一两周的时间，让他自己去看相关的文献、做调研，最后写一个调研报告，这也是在观察一个学生的科研潜力。那么，一个人如何找到和培养适合自己的学习方法论呢？这一点我们同样可以从元学习的训练模式中受到启发。

传统的机器学习训练模式的特点是“任务少、训练数据多”。要想让一个模型完成某个特定的任务，需要用和该任务相关的大量数据对它进行训练。

而元学习的训练模式的特点是“任务多、训练数据少”。之所以“任务多”，是因为想通过训练得到适用多个任务的通用“学习方法论”，而不是只能完成某个任务的特定技能；之所以“训练数据少”，是因为我们要求这个学习方法论能只用少量的数据训练就得到较好的效果。

在元学习训练中，通常会先给一个初始的“学习方法论”，然后用某些策略，根据该学习方法论在不同任务上的表现不断进行调整，最后找到一个在平均意义上对于所有的任务最有效的学习方法论。

我们可以看出，机器学习中元学习的“任务多、训练数据少”

的特点，很像大学期末考试前学生的集中学习模式。

大学里，一些学生如果平常没有投入到课堂中，考试前就需要在短短的一两周内，迅速学完多个考试科目。

如果某个学生仅仅靠考前两周的集中学习就可以把很多门平常没有认真听过的课程考出高分，那么他通常就具有了很强的“学习方法论”。这套学习方法论适用于多门不同的课程，让他可以经过短时间的训练很好地掌握课程内容。

所以说，大学之所以开设那么多门课程，除了希望学生能够具有广博的知识和一些底层能力，也可能是因为想通过对这些不同门类的课程进行学习，让学生掌握一个好的、通用的“学习方法论”。

当然，机器学习领域通过数据训练来逐渐找到一个好的“学习方法论”，而我们人类已经总结了很多行之有效的“学习方法论”。每个人都可以试一下这些方法论，如果对自己有效，就可以立刻用起来。

18.5 总结

我们在这一章讲了机器学习的四种学习模式：单任务学习、多任务学习、迁移学习和元学习。

单任务学习只针对某个任务进行训练，训练完一个人就会很擅长完成该任务，正所谓“一招鲜，吃遍天”。但是很多情况下，多个任务的底层有相关性。如果我们用多个任务一起同时训练某个人，那么这个人的能力可能比用单个任务训练的人更强。

迁移学习则关注如何更好地将一个人在某个领域学习到的知识迁移到另外一个领域。因此，我们要注重那些可以迁移到其他领域的基础能力。

以上的学习模式都更注重当下的技能，而元学习则更注重未来。一个人有了元学习能力之后虽然不能立刻完成一个新的任务，但是经过短时间的训练他就可以迅速上手，很好地完成这个新任务。

回到我们在这章的一开始提出的那个问题。因为接受大学教育是为了帮助学生在进入社会前更好地适应将来要做的工作，所以在大学里，学生应该着重于两种学习模式：迁移学习和元学习，并且将这两种学习模式融合起来。

通过迁移学习我们知道，学生在大学里应该有意识地培养自己一些能迁移到将来工作技能中的底层能力，包括理解能力、表达能力、分析问题的能力、解决问题的能力等。其实，如果有机会，可以认认真真地读个研究生。研究生重点培养的不是具体的专业知识，而是通过让人解决一个前人没有解决的问题，锻炼和培养其观察事物的能力、调研能力、挖掘事物本质的能力、表达能力等。这些能力都可以很容易地迁移到未来的工作中。

通过元学习我们知道，在大学里，我们不要只培养那些在未来工作中能直接用上的“技能”，更要培养自己的“学习方法论”，学会如何学习。好的学习方法论可以帮助我们在一个新的领域中迅速上手。有了好的学习方法论，我们会成为更有潜力的人。

第 19 章

如何清晰地表达一件事：矩阵的奇异值分解的启发

今天和大家谈一个在实际生活中很有用的话题：如何清晰地表达一件事情。我们先来讲一个例子。

19.1 老师的电话

假设你的孩子叫小明，正在上小学。下午时，你突然接到老师打来的电话，下面是你和老师的对话。

老师："你是小明的家长吗？我是他的班主任。"

你："是的是的。老师您有什么事儿？"

老师："和你说一件事情啊！今天一个孩子过马路时不小心掉进马路旁边的沟里去了！"

你："啊！"

老师："别着急，不是小明！"

你："哦，吓死我了。"

老师："小明也跳进去了！"

你："啊！！"

老师："但是他是去救那个孩子！"

你："哦……"

老师："小明帮助他爬出来了，两个孩子都很安全！他的表现太棒了！恭喜你！"

你："……"

虽然最后的结局很好，但是老师的表达方式一定让你感慨万千，你肯定很想问问老师："你到底是来祝贺我的，还是来吓我的！"

虽然这个例子很夸张，但是在生活中，很多人的表达或多或少都有些问题。我遇见很多硕士生、博士生，他们在和我讲一个他手头做的科研问题时，滔滔不绝地说了半天，可是东一句西一句，我实在不知道他到底要讲什么。

那么如何清晰地表达一件事情呢？

我先把结论写出来。清晰表达一件事情的方式是下面这样的：先说重要的信息，再逐步添加细节。这种方式也可以被称为**"由主到次的增量式表达"**。

"由主到次的增量式表达"听起来很简单，其实里面蕴含数学的智慧。

19.2 传输图像的两种模式

我们可以从图像传输模式中得到一些启发。

很多人都有过这样的经验：在网速不好时，如果你打开一个包含一张高清图片的网页，这张图片并不会一下子显示出来。如果此时你盯着这张图片看就会发现，这张图片在完全显示出来之前可能会有两种呈现模式。

第一种模式，就像一个从上到下逐渐展开的卷轴（见图 19-1）。在这种模式下，图片从顶端开始显示，逐渐延伸到底部。注意，在这个过程中，图片显示出来的部分一直是清晰的。

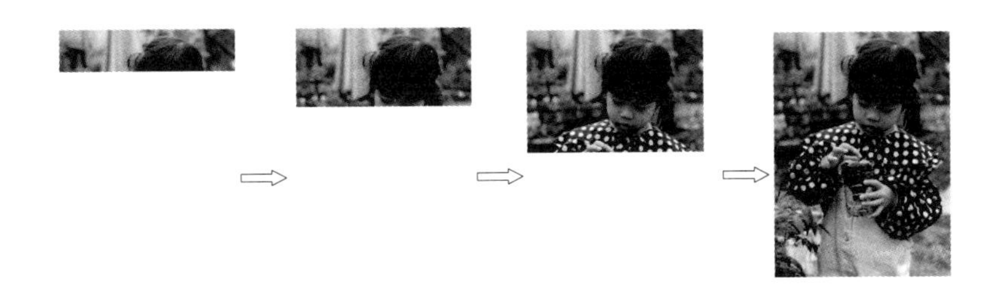

图 19-1　从上到下逐渐显示图片

第二种模式，也是我们最常见的模式（见图 19-2）：一开始就显示了图片的全部，但这时图片是模糊的，然后逐渐变清晰。

这两种模式看起来好像差不多，其实二者给用户带来的感受完全不同。除非图片的重点就在上端，否则第一种从上到下的模式需要读者一直等到重点出来后才能知道这幅图里画的是什么。

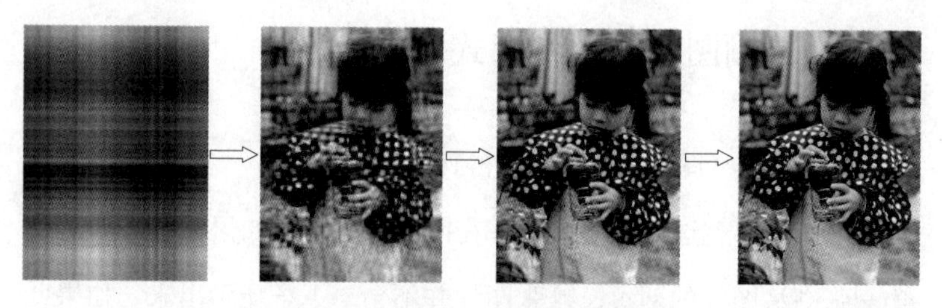

图 19-2　由模糊到清晰地显示图片

第二种模式，也就是整体逐渐清晰的模式，则可以让读者在最短的时间内了解这张图片的大致内容。因为即使看到一幅不那么清晰的图片，读者也可以大概知道其内容，从而决定是接着等待，还是直接关掉网页。

从给读者带来的体验而言，第二种模式无疑更好，这种模式就是“由主到次的增量式表达”。

如果在图像传输上用从主到次的增量式表达，那么待传输的图像会被拆分成多个子图像，并且每次传递一个子图像。实现这两种模式有两个前提条件。

第一，每个子图像的重要性不同，我们需要将这些子图像按照重要性排序。

第二，每个子图像都一定要比原始的完整图像更小。这一点很重要，因为如果子图像内存不比原始图像小，那么直接传原始图像就好，完全没必要每次传递子图像。

我们来看一下，满足这两个条件的技术具体如何实现。

19.3 如何由主到次地增量式表达一个矩阵

在分享之前，我们先建立一个认识：图像和矩阵是等价的。

如果把一幅图像放大，就可以看出图像实际上是由一个个小方块组成的。这些小方块就是像素。每个像素点上都有一个值，代表这幅图像在该像素点上的颜色。一个黑白图像的像素值一般在 0~255 之间。彩色图像的原理其实和黑白图像差不多，只是彩色图片需要三个矩阵（R, G, B）来描述。为了方便理解，我们仅以黑白图片为例。

我们可以把一个约 200 万像素（纵向方向 1600 像素，横向方向 1200 像素）的黑白图像看成一个大小为 1600 像素 ×1200 像素的矩阵。该矩阵在某行某列的值，就是对应位置上像素的灰度值。

建立了“图像 = 矩阵”这个概念之后，我们只需要知道如何由主到次地增量式表达一个给定的矩阵即可。

要回答这个问题，我们需要借助一个数学工具，这个工具叫作矩阵的奇异值分解（Singular Value Decomposition，SVD）。

奇异值分解是线性代数的核心之一。具体的原理我不在本节中阐述，你只需要知道，借助奇异值分解，我们可以把一个矩阵拆成多个大小相同的矩阵之和。

写成数学公式就是这样，对于 $\boldsymbol{A}$ 矩阵而言，奇异值分解可以将 $\boldsymbol{A}$ 写成多个矩阵 $\boldsymbol{A}_1$，$\boldsymbol{A}_2$，…，$\boldsymbol{A}_r$ 之和的形式：

$$\boldsymbol{A}=\sigma_1 \cdot \boldsymbol{A}_1+\sigma_2 \cdot \boldsymbol{A}_2+\cdots+\sigma_r \cdot \boldsymbol{A}_r \tag{19.1}$$

注意每个用来表达 $\boldsymbol{A}$ 的矩阵之前都会有一个不同的系数 σ。

用奇异值分解得到的 $\boldsymbol{A}_1$，$\boldsymbol{A}_2$，…，$\boldsymbol{A}_r$ 的矩阵范数的大小相同，都是1。关于矩阵的范数有严格的定义，但我们可以粗略地理解成矩阵中元素的大小。也就是说，这些用来表达 $\boldsymbol{A}$ 的矩阵里面的元素大小在总体上是相当的，不会出现某个矩阵里面的数比其他矩阵里面的元素大很多的情况。

其次，奇异值分解还有一个重要性质，就是这些矩阵前面的系数都大于零，并且具有如下的特点：

$$\sigma_1 \gg \sigma_2 \gg \cdots \gg \sigma_r$$

这里的≫是远远大于。也就是说，第一个系数 σ_1 要比第二个系数 σ_2 大得多，第二个系数 σ_2 又会比第三个系数 σ_3 大得多，简单来说，前一个系数比后一个系数大得多。

你看出来了吗？**用奇异值分解得到矩阵 A 的这种表达方式，就是对矩阵 A 由主到次的增量式表达。**

原因很简单，因为 σ_1 远远大于其他的系数，并且 $\boldsymbol{A}_1$ 的大小和 $\boldsymbol{A}_2$，$\boldsymbol{A}_3$…相当，因此 $\sigma_1\boldsymbol{A}_1$ 是构成矩阵 $\boldsymbol{A}$ 的一个最重要的成分，$\sigma_2\boldsymbol{A}_2$ 是仅次于 $\sigma_1\boldsymbol{A}_1$ 的构成 $\boldsymbol{A}$ 的最重要的成分，包含了 $\sigma_1\boldsymbol{A}_1$ 没有的细节。增加了这个细节之后，$\sigma_1\boldsymbol{A}_1+\sigma_2\boldsymbol{A}_2$ 能够比 $\sigma_1\boldsymbol{A}_1$ 更准确地表达 $\boldsymbol{A}$。

之后的 $\sigma_3\boldsymbol{A}_3$ 是仅次于 $\sigma_1\boldsymbol{A}_1$ 和 $\sigma_2\boldsymbol{A}_2$ 的构成 $\boldsymbol{A}$ 的最重要的成分，也是刚才 $\sigma_1\boldsymbol{A}_1+\sigma_2\boldsymbol{A}_2$ 没有包含的细节。增加了这个细节之后，$\sigma_1\boldsymbol{A}_1+$

$\sigma_2 \boldsymbol{A}_2+\sigma_3 \boldsymbol{A}_3$，能够比 $\sigma_1 \boldsymbol{A}_1+\sigma_2 \boldsymbol{A}_2$ 更准确地表达 $\boldsymbol{A}$。

以此类推。

我们可以看出，这种方式具备下面的两个特点。

一是“由主到次”。奇异值分解得到的这些矩阵 $\sigma_1 \boldsymbol{A}_1$，$\sigma_2 \boldsymbol{A}_2$，…，$\sigma_r \boldsymbol{A}_r$ 的重要性从左到右依次降低。

二是“增量式表达”。从 $\sigma_2 \boldsymbol{A}_2$ 算起，每一项都是在前面所有项之和的基础上增加的细节。

然而，要实现上一节中的传输图像的目的，我们还需要一个条件，即每个单独的矩阵（$\sigma_1 \boldsymbol{A}_1$，$\sigma_2 \boldsymbol{A}_2$ 等）所需要的数据都比原来的矩阵 $\boldsymbol{A}$ 小得多。

从表面上看，这一点并不容易发现，因为这些用来表达 $\boldsymbol{A}$ 的矩阵 $\boldsymbol{A}_1$，$\boldsymbol{A}_2$，…的大小都和 $\boldsymbol{A}$ 一样（如果不一样，矩阵就都不能满足相加的条件）。

然而这种用奇异值分解得到的矩阵的表达，的确符合这个条件。答案在于，用奇异值得到的 $\boldsymbol{A}_1$，…，$\boldsymbol{A}_r$，虽然和原来的矩阵 $\boldsymbol{A}$ 的大小一样，但是要比 $\boldsymbol{A}$ “简单”得多。而“简单”，就意味着我们可以用更少的数据来构建。

什么是矩阵很简单呢？矩阵的“简单程度”和它里面的行或列排列的规律性有关，越规律，就越简单。

我们来看两个例子。这里有两个矩阵：

$$A=\begin{pmatrix} 3 & 5 & 8 & 6 & 5 & 4 \\ 4.2 & 7 & 11.2 & 8.4 & 7 & 5.6 \\ 4.8 & 8 & 12.8 & 9.6 & 8 & 6.4 \\ 4.2 & 7 & 11.2 & 8.4 & 7 & 5.6 \\ 3.6 & 6 & 9.6 & 7.2 & 6 & 4.8 \end{pmatrix} \quad A'=\begin{pmatrix} 9 & 9 & 9.3 & 8.8 & 5.1 & 3 \\ 13 & 11.6 & 12 & 8.3 & 12.4 & 12 \\ 8.2 & 4.5 & 12.8 & 12.4 & 8 & 5.8 \\ 12 & 6.5 & 9 & 10 & 2.7 & 4.8 \\ 10 & 12.7 & 3.5 & 9.3 & 9.6 & 3.6 \end{pmatrix}$$

为了更直观，我们把这两个矩阵画出来（见图 19-3）。每个格子的颜色，对应矩阵相应元素的值。

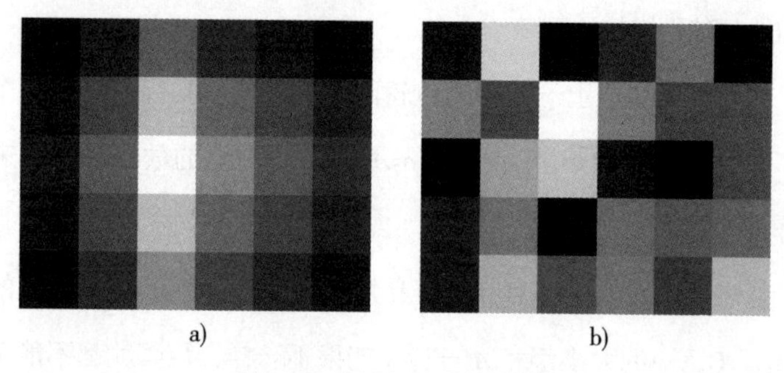

图 19-3　两个矩阵对应的图像

可以直接看出，图 19-3a 的这个图像非常有规律。具体来说，这个矩阵所有行的变化规律很相似：开始时比较小，后来逐渐增大，然后在第三个元素的位置达到高点，之后逐渐变小。

而图 19-3b 这个图像每一行的变化规律都是不同的，看起来像随机噪声一样，对应的矩阵显然更复杂。

如果一个矩阵很简单，那么理论上，我们就可以用更少的数据把这个矩阵重新构建出来。

我们还是以左边这个看起来有规律的图对应的矩阵为例。如果仔细看这个矩阵的具体数值就可以发现，该矩阵的每一行都是第一行的某个特定的倍数。这样就可以看得更清楚：

$$A=\begin{pmatrix} 1.0\,(3 & 5 & 8 & 6 & 5 & 4) \\ 1.4\,(3 & 5 & 8 & 6 & 5 & 4) \\ 1.6\,(3 & 5 & 8 & 6 & 5 & 4) \\ 1.4\,(3 & 5 & 8 & 6 & 5 & 4) \\ 1.2\,(3 & 5 & 8 & 6 & 5 & 4) \end{pmatrix} \qquad (19.2)$$

这种每一行的规律完全一样的矩阵，在数学上有一个名词，叫作“单秩矩阵”。

单秩矩阵有一个好处。对于一个 m 行 n 列的单秩矩阵而言，虽然它包含有 $m \times n$ 个元素，但是实际上，我们可以用一个包含 m 个元素的列向量和一个包含 n 个元素的行向量表示它。

对于上面的例子而言，$\boldsymbol{A}$ 这一 5 行 6 列、包含 30 个元素的单秩矩阵，可以写成一个包含 5 个元素的列向量和一个包含 6 个元素的行向量的乘积，即

$$A=\begin{pmatrix} 1.0\,(3 & 5 & 8 & 6 & 5 & 4) \\ 1.4\,(3 & 5 & 8 & 6 & 5 & 4) \\ 1.6\,(3 & 5 & 8 & 6 & 5 & 4) \\ 1.4\,(3 & 5 & 8 & 6 & 5 & 4) \\ 1.2\,(3 & 5 & 8 & 6 & 5 & 4) \end{pmatrix}=\begin{pmatrix} 1.0 \\ 1.4 \\ 1.6 \\ 1.4 \\ 1.2 \end{pmatrix}(3,\ 5,\ 8,\ 6,\ 5,\ 4)$$

也就是说，虽然 $\boldsymbol{A}$ 这个单秩矩阵看起来有 30 个元素，但是实际上，我们一共只需要传输 5+6=11 个元素，就可以把它构建起来。

我们需要强调的是，**用奇异值分解来表示一个矩阵 A 的时候，得到的这些矩阵 A_1，A_2，…，A_r 都是单秩矩阵。**

也就是说，**借助奇异值分解，一个很复杂的矩阵被拆成了极其**

简单并且重要性依次降低的单秩矩阵之和。

至此，我们就把图像传输的过程介绍清楚了。

现在远端服务器中有一张大图片，在服务器上直接对该图片形成的矩阵 $\boldsymbol{A}$ 做奇异值分解，会得到如下的形式：

$$\boldsymbol{A}=\sigma_1\boldsymbol{A}_1+\sigma_2\boldsymbol{A}_2+\cdots+\sigma_r\boldsymbol{A}_r \tag{19.3}$$

假设 $\boldsymbol{A}$ 是个 m 行 n 列的矩阵，中间有 $m\times n$ 个元素。

远端的服务器首先传递给你的是 $\sigma_1\boldsymbol{A}_1$ 所对应的行向量和列向量。这是一个单秩矩阵，只需要传递 $m+n$ 个参数，所以传输速度很快。你本地的电脑用接收到的行向量和列向量计算出 $\sigma_1\boldsymbol{A}_1$，并显示在你的页面上。但是因为 $\sigma_1\boldsymbol{A}_1$ 只是一个单秩矩阵，单秩矩阵看起来很规则，所以表达能力有限。因此，尽管 $\sigma_1\boldsymbol{A}_1$ 是 $\boldsymbol{A}$ 最重要的部分，但显示出来的也只是一个十分粗略的图像。

之后，远端服务器向你传递 $\sigma_2\boldsymbol{A}_2$ 对应的行向量和列向量。这次传递也仅需要 $m+n$ 个参数，因此也很快。你本地的电脑用这些参数直接构建 $\sigma_2\boldsymbol{A}_2$，并且直接添加在之前的 $\boldsymbol{A}_1$ 上，得到 $\boldsymbol{A}=\sigma_1\boldsymbol{A}_1+\sigma_2\boldsymbol{A}_2$ 并显示出来。因为新增的部分增加了一些之前没有的细节信息，所以图像会显得更清晰一些。类似的，远端服务器不断传递过来之后的单秩矩阵所需要的行向量和列向量。本地的电脑不断使用这些计算出来对应的单秩矩阵，并且叠加在之前的图像上更新显示。这样，图像就会像图 19-2 一样，显得越来越清晰。

19.4 生活中使用这种表达方式的例子

由主到次增量式地表达一个事物，是一种特别高级的表达方式。我们来举几个生活中的例子。

例子 1：描述数字。

如果我们想要向一个人描述 2315 这个数字，那么最好的方式并不是告诉他“2315”。

因为对方听到的第一个数字是 2，他听完这个数字之后，并不能意识到这个数字到底有多大，他必须要听完最后一个数字，把他听到的这些内容拼在一起，才能知道这个数字到底是多少。当然，如果是个很短的数字，这似乎没什么影响，但是如果数字太长，那难度就大了。

更好的、也是被我们经常使用的表达方式，则是“两千三百一十五”。当他听到“两千”时，就知道这个数字的大致范围（两千多）。“两千”是这个数字最重要的部分，当然应该首先被说出来。而随后“三百”这个信息，则补充了之前“两千”没有包含的细节。“一十”，则进一步补充了更小的细节，最后的细节由“五”来填满。

这也是由主到次的增量式表达。这种表达比直接说“2315”更友好，也更高效。

如果我们从数学的角度，就可以看得更清楚，即：

$$2315=2000+300+10+5$$

例子 2：正月十五的月亮。

我们看看，用“由主到次的增量式表达”的方式，如何描述正月十五的月亮。

我们梳理一下正月十五的月亮的特点，包括月亮很亮、很圆，能看见月晕，如果你仔细观察，没准还能看见月亮依稀的阴影。

首先，我们把这些特点按照重要性进行排序。

正月十五的月亮最重要的特点就是圆。因此如果你用一个词来描述，那么就是“正月十五的月亮圆圆的”。

其次重要的信息就是亮度。因此，我们在“形状很圆”的基础上增加上亮度信息，那么就是“正月十五的月亮圆圆的，很亮”。

再增加一些细节，就是在仔细观察的情况下看到的“月晕”。因此，我们在“形状很圆”“亮度很亮”的基础上增加上细节，那么就是“正月十五的月亮圆圆的，很亮，能看见月晕”。

最后继续增加一些细节，就是在仔细观察的情况下能看到的“阴影”。因此，我们在“形状很圆”“亮度很亮”“有月晕”的基础上再增加上阴影细节，那么就得到了最后的表达方式：

“正月十五的月亮圆圆的，很亮，能看见月晕。如果你仔细看，还能隐约看到月亮中的阴影。”

这种表达方式就是一个由重点到细节、由主到次，逐步表达一个事物的方法，这种方式让读者的阅读非常顺畅。

如果你倒过来，就会变得不一样了。例如，如果我说“正月十五的月亮中隐约能看到阴影，还能看见月晕，月亮很亮，还很圆。”

例子 3：中英文的表达方式的区别。

在某些情况下，英文在表达方式上似乎比中文更具有这种“由主到次的增量式表达”的特点。

比如，在描述一个事件的发生时，英文通常按照事情的重要程度描述问题，例如：

“*I saved a boy who felt into water when I was walking alone on the street this morning.*”

按语序直译是：

“我救了一个落水儿童，当我在街上独自走路，今天早上。”

注意到了吗，英文通常是按照“事件本身 + 地点 + 时间”的顺序来叙述。从重要程度来讲，通常的排序确实是“事件本身 > 地点 > 时间”。

而汉语的表达方式，则通常是“时间 + 地点 + 事件”：

“我上午在街上独自散步的时候救了一个落水儿童。”

这种表达方式让读者只有看到最后才能知道到底发生了什么。

例子 4：中国诗词的两种表达方式。

中国的诗词博大精深，但是从表达方式上来说，有两种典型的表达方式。

第一种就是按照时间或空间的顺序来描述事物。例如大家都熟悉的《天净沙·秋思》：

枯藤老树昏鸦，小桥流水人家，古道西风瘦马。夕阳西下，断肠人在天涯。

这种描述方式很像把一个卷轴放在你的面前，再缓缓展开给你看。这就是我们在第二节中说的“从上到下逐渐展开的卷轴”。

第二种就是我们说的，先说重点和概括性的内容，再补充细节。这个和前面说的用奇异值分解来表达一个矩阵的方式类似。大文豪苏轼喜欢用这种方式。例如他在《念奴娇·赤壁怀古》中写道：

大江东去，浪淘尽，千古风流人物。故垒西边，人道是，三国周郎赤壁……遥想公瑾当年，小乔初嫁了，雄姿英发……

第一句，就是整首词的主旨。从视觉上来看，这就像先远观，给出整体的描述，而后逐步拉近视野，补充细节。

苏轼还有一首《江城子》也是这种风格：

十年生死两茫茫，不思量，自难忘。千里孤坟，无处话凄凉。纵使相逢应不识，尘满面，鬓如霜。夜来幽梦忽还乡，小轩窗，正梳妆。相顾无言，唯有泪千行。料得年年肠断处，明月夜，短松冈。

第一句就是整首词的主旨，后面的诗句补充了更多的情感和细节。

最后值得说的是，在古诗中，这两种表达方式没有高下之分，各有各的美，每种风格都有流传千古的名篇。

19.5 总结

要想在表达一件事情时做到逻辑清晰且条理清楚并不容易。本章基于从矩阵的奇异值分解中得到的启发，介绍了一个思想，就是“由主到次的增量式表达”。简单来说，表达一件事情时，要先说重要的信息，然后按照重要性逐步添加一些细节。

最后，回到我们本章一开始出现的那个例子。老师应如何更好地表达“你的孩子跳进马路的沟里救出一个小孩”这件事情呢?

我们来试着用“由主到次的增量式表达”。

第一句话，应该要定基调，所以这个老师应该说“恭喜你”！

第二句话，应该补充一些细节，所以应该是“小明今天的表现太棒了”。

然后再补充细节。因此连起来应该是下面这样的。

“恭喜你！”

“小明今天的表现太棒了！”

“今天有一个小孩，过马路的时候不小心掉进马路旁边的沟里去了，小明跳进去救他，帮助那个孩子爬了出来，两个孩子都很安全。”

你学会这种方式了吗?